westermann

Uwe Maschmeyer, Gerhard Wesker, Udo Zeisberg

Formeln der Mechatronik

6. Auflage

Bestellnummer 44531

Zusatzmaterialien zu Formeln der Mechatronik

Für Lehrerinnen und Lehrer

BiBox Einzellizenz für Lehrer/-innen (Dauerlizenz)
BiBox Klassenlizenz Premium für Lehrer/-innen und bis zu 35 Schüler/-innen (1 Schuljahr)
BiBox Kollegiumslizenz für Lehrer/-innen (Dauerlizenz)
BiBox Kollegiumslizenz für Lehrer/-innen (1 Schuljahr)

Für Schülerinnen und Schüler

BiBox Einzellizenz für Schüler/-innen (1 Schuljahr)
BiBox Einzellizenz für Schüler/-innen (4 Schuljahre)
BiBox Klassensatz PrintPlus (1 Schuljahr)

Druck und Bindung: Westermann Druck GmbH, Georg-Westermann-Allee 66, 38104 Braunschweig

ISBN 978-3-427-44531-9

Vorwort

Dieses Buch wendet sich an Auszubildende im Ausbildungsberuf Mechatronikerin/Mechatroniker, die eine geeignete Hilfestellung bei der Bewältigung technisch-mathematischer Aufgaben erwarten. Die darin aufgeführten Formeln sind auf die Inhalte des Berufsschulunterrichts und die der beruflichen Prüfungen abgestimmt.

Das handlungsorientierte Lernen in Verbindung mit fächerübergreifenden Aufgabenstellungen bestimmt heute vorzugsweise den Unterricht in der Berufsschule, wobei komplex beschriebene Lernsituationen die berufliche Wirklichkeit im Ausbildungsberuf in Auszügen abbilden sollen. Im Unterrichtsalltag bleibt weniger Zeit für das systematische Vermitteln und Einüben technisch-mathematischer Verfahren, weil sich im Rahmen der vollständigen Handlung die mathematischen Problemstellungen zumeist anwendungsbezogen als Teil des Lösungsweges begreifen. Hier setzen die Autoren an, indem sie die Formeln zumeist nach den einzelnen Formelgrößen umgestellt und darüber hinaus erläuternde Hinweise zur Formelumstellung anbieten.

In *Formeln der Mechatronik* setzen die Autoren ihre Erfahrungen um, die sie seit Einführung des anerkannten Ausbildungsberufes als Theorielehrer in der Berufsschule und als Mitglieder in den Prüfungsausschüssen gemacht haben.

Nordhorn, im Frühjahr 2025

die Verfasser

Inhaltsverzeichnis

Inhaltsverzeichnis

1 Mathematische Grundlagen

mathematical basics

1.1 Flächenberechnungen

Rechteck

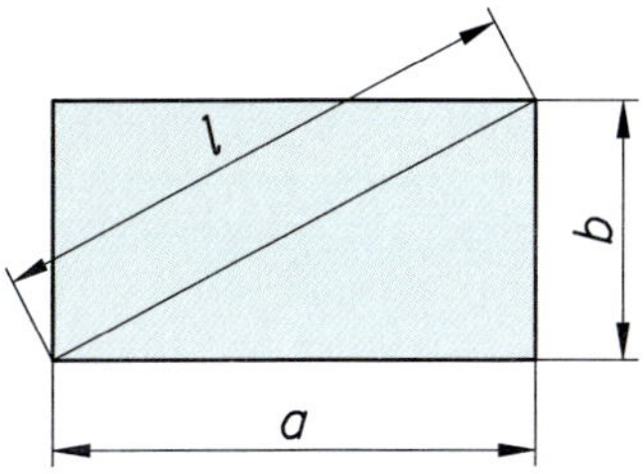

$$A = a \cdot b \qquad a = \frac{A}{b} \qquad b = \frac{A}{a}$$

$$U = 2(a + b) \qquad b = \frac{U}{2} - a \qquad a = \frac{U}{2} - b$$

$$l = \sqrt{a^2 + b^2} \qquad a = \sqrt{l^2 - b^2} \qquad b = \sqrt{l^2 - a^2}$$

Quadrat

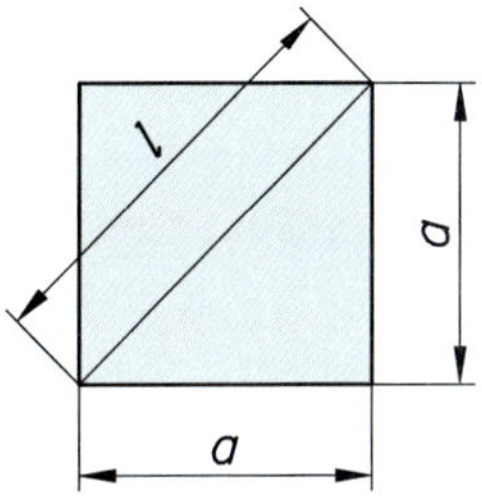

$$A = a^2 \qquad a = \sqrt{A}$$

$$U = 4 \cdot a \qquad a = \frac{U}{4}$$

$$l = \sqrt{2} \cdot \mathrm{a}$$

Dreieck

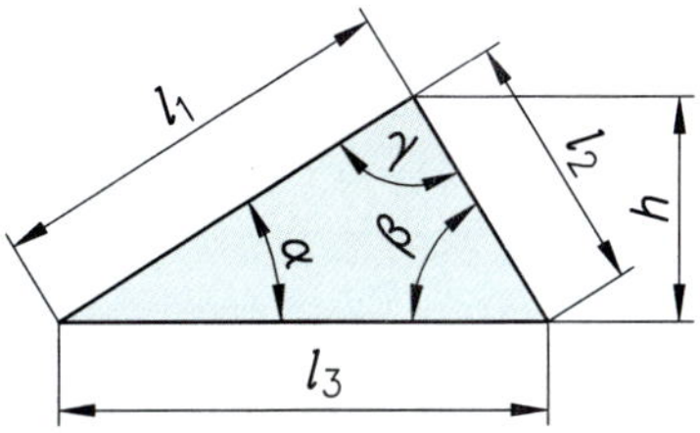

$$A = \frac{l_3 \cdot h}{2} \qquad h = \frac{2 \cdot A}{l_3}$$

$$U = l_1 + l_2 + l_3$$

$$\alpha + \beta + \gamma = 180°$$

Parallelogramm

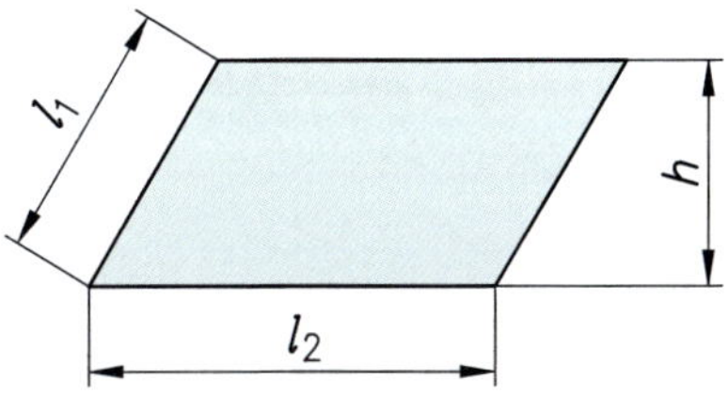

$$A = l_2 \cdot h$$

$$U = 2(l_1 + l_2)$$

Trapez

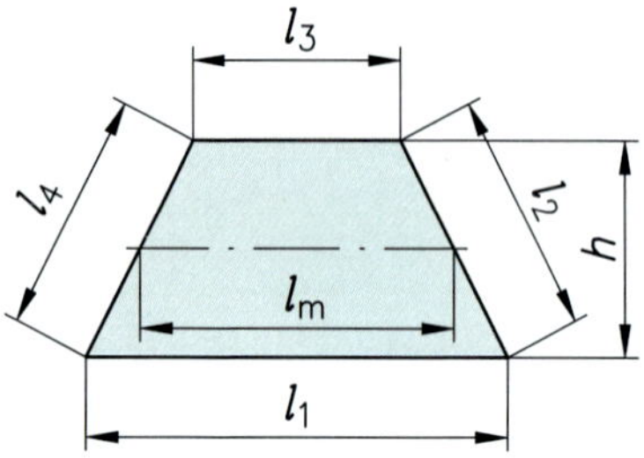

$$A = l_m \cdot h \qquad l_m = \frac{A}{h} \qquad l_m = \frac{l_1 + l_3}{2}$$

$$A = \frac{l_1 + l_3}{2} \cdot h \qquad U = l_1 + l_2 + l_3 + l_4$$

Kreis

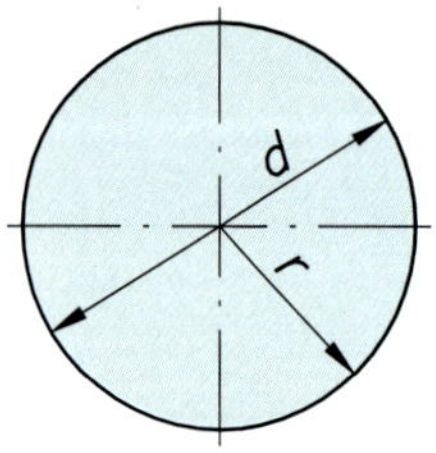

$$A = \frac{d^2 \cdot \pi}{4} \qquad d = \sqrt{\frac{4 \cdot A}{\pi}}$$

$$A = r^2 \cdot \pi \qquad r = \sqrt{\frac{A}{\pi}}$$

$$U = d \cdot \pi \qquad d = \frac{U}{\pi}$$

$$U = 2 \cdot r \cdot \pi \qquad r = \frac{U}{2 \cdot \pi}$$

Kreisausschnitt

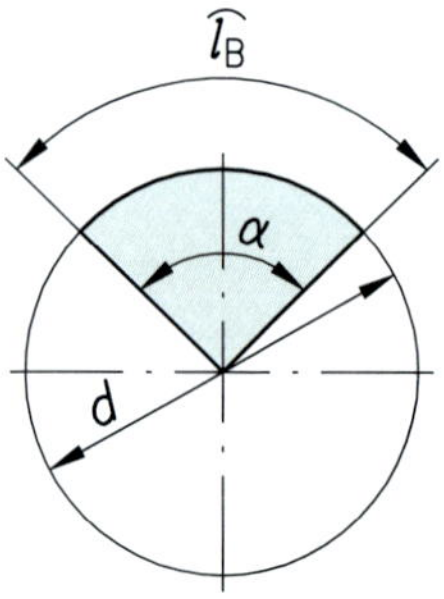

$$A = \frac{\alpha \cdot \pi \cdot d^2}{360° \cdot 4} \qquad d = \sqrt{\frac{A \cdot 360° \cdot 4}{\alpha \cdot \pi}}$$

$$l_B = \frac{\alpha \cdot d \cdot \pi}{360°} \qquad d = \frac{l_B \cdot 360°}{\alpha \cdot \pi}$$

Kreisring

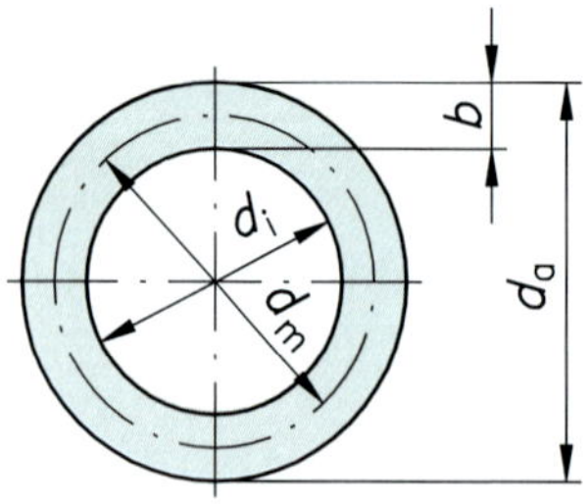

$$A = \frac{(d_a^2 - d_i^2) \cdot \pi}{4} \qquad d_a = \sqrt{\frac{4 \cdot A}{\pi} + d_i^2}$$

$$d_m = \frac{d_a + d_i}{2} \qquad d_i = \sqrt{d_a^2 - \frac{4 \cdot A}{\pi}}$$

$$l_m = d_m \cdot \pi$$

$$b = \frac{d_a - d_i}{2}$$

Regelmäßiges Sechseck

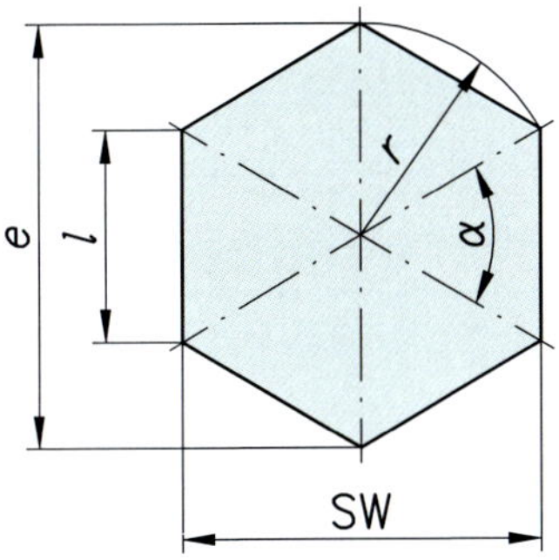

$$l = r$$

$$e = 2 \cdot r$$

$$SW = 0{,}866 \cdot e$$

$$e = 1{,}155 \cdot SW$$

$$SW = 0{,}866 \cdot 2 \cdot r$$

$$r = 0{,}577 \cdot SW$$

$$A = 0{,}75 \cdot e \cdot SW$$

$$A = 2{,}6 \cdot l^2$$

Ellipse

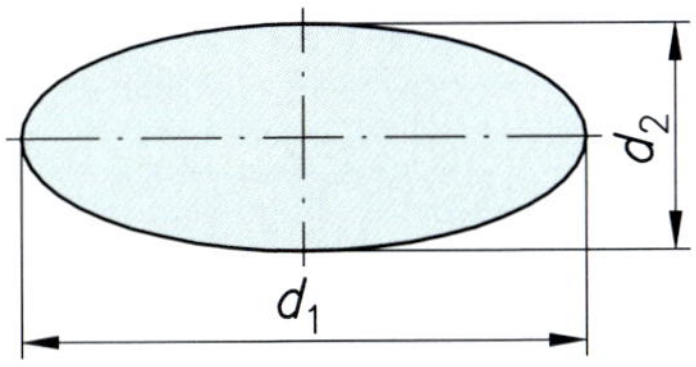

$$U = \frac{d_1 + d_2}{2} \cdot \pi$$

$$A = \frac{d_1 \cdot d_2 \cdot \pi}{4}$$

$$d_1 = \frac{4 \cdot A}{d_2 \cdot \pi}$$

$$d_2 = \frac{4 \cdot A}{d_1 \cdot \pi}$$

Zeichen	Bedeutung	Einheit
A	Fläche	m^2, cm^2, mm^2
$a, b, h, l, l_1, l_2, l_3, l_4$	Längen	m, cm, mm
l_m	Mittlere Länge	m, cm, mm
b	Kreisringstärke	m, cm, mm
$\widehat{l}_B$	Kreisbogenlänge	m, cm, mm
$d, d_1, d_2, d_i, d_a, d_m$	Durchmesser	m, cm, mm
π	Pi	3,14159
U	Umfang	m, cm, mm
r	Radius	m, cm, mm
α, β, γ	Winkel	°(Taschenrechner DEG)
e	Eckenmaß	m, cm, mm
SW	Schlüsselweite	mm

1.2 Volumenberechnungen

Würfel

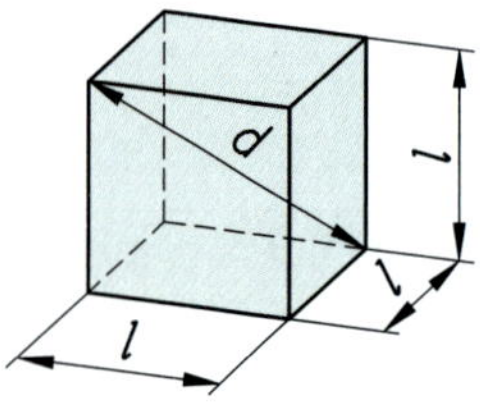

$$V = l^3 \qquad l = \sqrt[3]{V}$$

$$A_{ges} = 6 \cdot l^2 \qquad l = \sqrt{\frac{A_{ges}}{6}}$$

$$L = 12 \cdot l$$

$$d = \sqrt{3} \cdot l^2 \qquad l = \sqrt{\frac{d^2}{3}}$$

Prisma

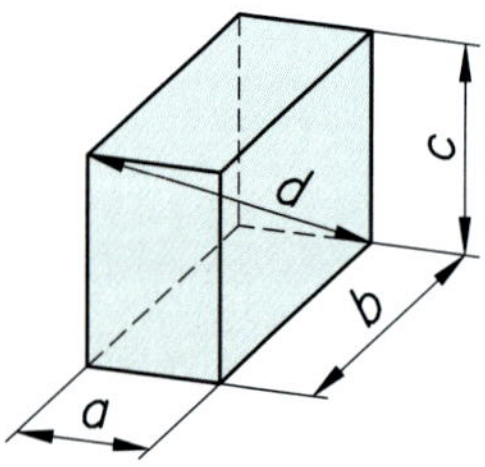

$$V = a \cdot b \cdot c \qquad a = \frac{V}{b \cdot c}$$

$$A_{ges} = 2(a \cdot b + b \cdot c + a \cdot c) \qquad b = \frac{V}{a \cdot c}$$

$$d = \sqrt{a^2 + b^2 + c^2} \qquad c = \frac{V}{a \cdot b}$$

$$L = 4 \cdot (a + b + c)$$

Zylinder

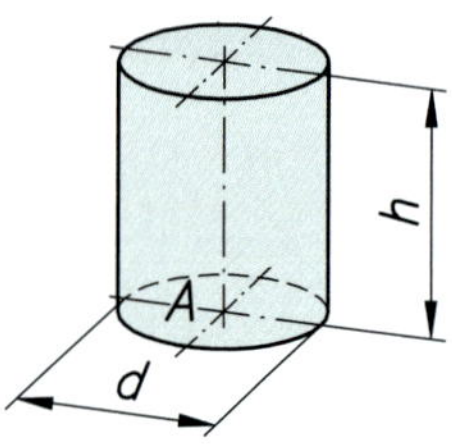

$$V = A \cdot h \qquad h = \frac{V}{A} \qquad A = \frac{V}{h}$$

$$V = \frac{d^2 \cdot \pi}{4} \cdot h \qquad h = \frac{4 \cdot V}{d^2 \cdot \pi} \qquad d = \sqrt{\frac{4 \cdot V}{h \cdot \pi}}$$

$$A_{ges} = \pi \cdot d\left(\frac{d}{2} + h\right) \qquad h = \frac{A_{ges}}{\pi \cdot d} - \frac{d}{2} \qquad d = \sqrt{\frac{2 \cdot A_{ges}}{\pi} + h^2 - h}$$

Hohlzylinder

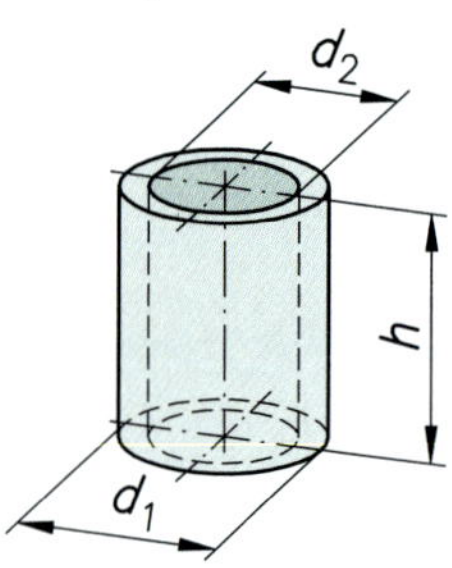

$$V = \frac{\pi \cdot h}{4} \cdot (d_1^2 - d_2^2) \qquad d_1 = \sqrt{\frac{4 \cdot V}{h \cdot \pi} + d_2^2}$$

$$A_{ges} = \frac{\pi}{2} \cdot (d_1^2 - d_2^2) + \pi \cdot h \cdot (d_1 + d_2) \qquad d_2 = \sqrt{d_1^2 - \frac{4 \cdot V}{\pi \cdot h}}$$

$$h = \frac{4 \cdot V}{\pi \cdot (d_1^2 - d_2^2)}$$

Kegel

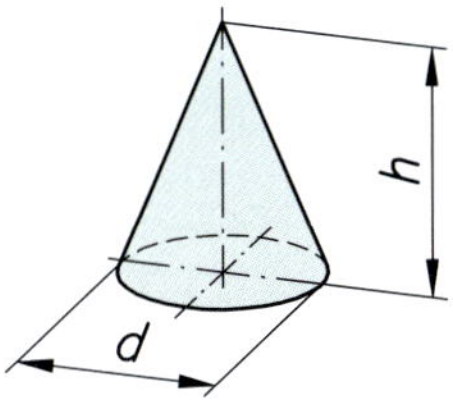

$$V = \frac{d^2 \cdot \pi \cdot h}{12}$$

$$d = \sqrt{\frac{12 \cdot V}{\pi \cdot h}} \qquad h = \frac{12 \cdot V}{d^2 \cdot \pi}$$

Pyramide

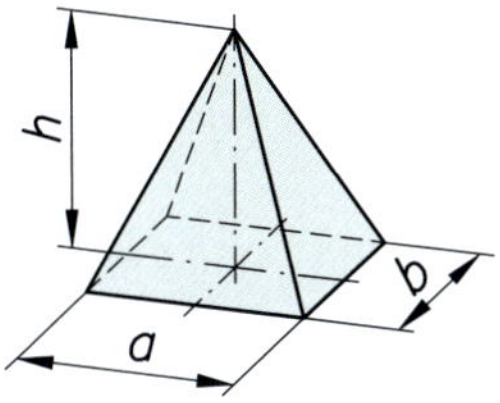

$$V = \frac{a \cdot b \cdot h}{3}$$

$$h = \frac{3 \cdot V}{a \cdot b}$$

$$a = \frac{3 \cdot V}{h \cdot b}$$

$$b = \frac{3 \cdot V}{h \cdot a}$$

Kugel

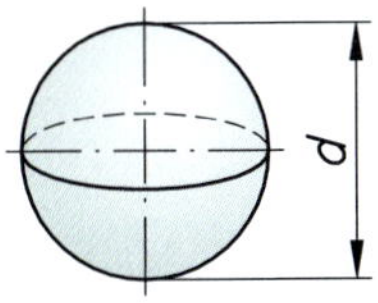

$$V = \frac{d^3 \cdot \pi}{6}$$

$$d = \sqrt[3]{\frac{6 \cdot V}{\pi}}$$

$$A_{ges} = \pi \cdot d^2$$

$$d = \sqrt{\frac{A_{ges}}{\pi}}$$

Zeichen	Bedeutung	Einheit
V	Volumen	m^3, cm^3, mm^3
l	Länge	m, cm, mm
a, b, c	Kantenlänge	m, cm, mm
d	Raumdiagonale, Durchmesser	m, cm, mm
d_1	Außendurchmesser	m, cm, mm
d_2	Innendurchmesser	m, cm, mm
h	Höhe	m, cm, mm
A	Fläche	m^2, cm^2, mm^2
A_{ges}	Gesamtoberfläche	m^2, cm^2, mm^2
π	Kreiskonstante	3,14159
L	Gesamtkantenlänge	m, cm, mm

1.3 Rechtwinklige Dreiecke und Winkelfunktionen

Lehrsätze im rechtwinkligen Dreieck

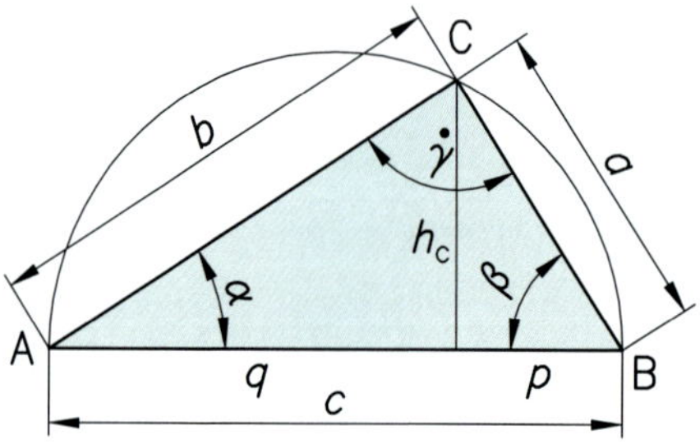

Im Halbkreis ist γ ein rechter Winkel. (Satz des Thales)

$c^2 = a^2 + b^2$ $\quad a = \sqrt{c^2 - b^2}$

$c = \sqrt{a^2 + b^2}$ $\quad b = \sqrt{c^2 - a^2}$

(Lehrsatz des Pythagoras)

$h_c^2 = q \cdot p$ $\quad a^2 = c \cdot p$ $\quad b^2 = c \cdot q$

$h_c = \sqrt{q \cdot p}$ $\quad a = \sqrt{c \cdot p}$ $\quad b = \sqrt{c \cdot q}$

(Höhensatz) (Kathetensatz)

Winkelfunktionen im rechtwinkligen Dreieck

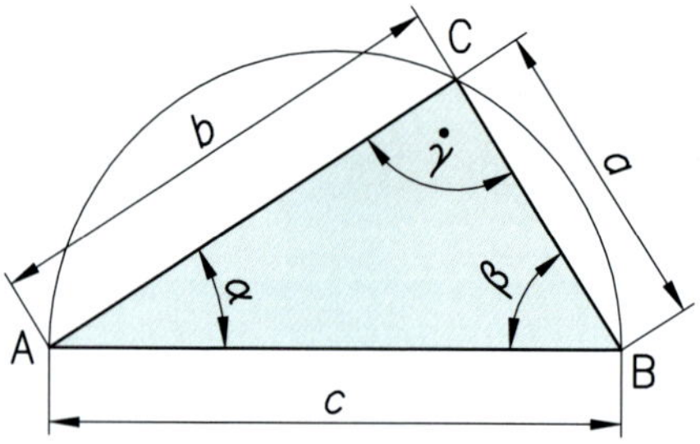

von Winkel α: *a* ist Gegenkathete
b ist Ankathete
von Winkel β: *a* ist Ankathete
b ist Gegenkathete
Die Hypotenuse *c* liegt dem rechten Winkel gegenüber.

Sinus	$\sin = \frac{\text{Gegenkathete}}{\text{Hypotenuse}}$	$\sin\alpha = \frac{a}{c}$	$\sin\beta = \frac{b}{c}$
Cosinus	$\cos = \frac{\text{Ankathete}}{\text{Hypotenuse}}$	$\cos\alpha = \frac{b}{c}$	$\cos\beta = \frac{a}{c}$
Tangens	$\tan = \frac{\text{Gegenkathete}}{\text{Ankathete}}$	$\tan\alpha = \frac{a}{b}$	$\tan\beta = \frac{b}{a}$
Cotangens	$\cot = \frac{\text{Ankathete}}{\text{Gegenkathete}}$	$\cot\alpha = \frac{b}{a}$	$\cot\beta = \frac{a}{b}$

Zeichen	Bedeutung	Einheit
a, b, c, h_c, q, p	Längen	m, cm, mm
α, β, γ	Winkel	° (Grad)

1.4 Umrechnen von Einheiten

Vorsatzzeichen bei dezimalen Vielfachen und Teilen

T	Tera	=	10^{12}	=	1 000 000 000 000				10^{0}	=1
G	Giga	=	10^{9}	=	1 000 000 000	d	Dezi	=	10^{-1}	= 0,1
M	Mega	=	10^{6}	=	1 000 000	c	Zenti	=	10^{-2}	= 0,01
k	Kilo	=	10^{3}	=	1 000	m	Milli	=	10^{-3}	= 0,001
h	Hekto	=	10^{2}	=	100	µ	Mikro	=	10^{-6}	= 0,000 001
da	Deka	=	10^{1}	=	10	n	Nano	=	10^{-9}	= 0,000 000 001
			10^{0}	=	1	p	Piko	=	10^{-12}	= 0,000 000 000 001

Längenumrechnungen

	µm	mm	cm	m	km
µm	1	10^{-3}	10^{-4}	10^{-6}	10^{-9}
mm	10^{3}	1	10^{-1}	10^{-3}	10^{-6}
cm	10^{4}	10^{1}	1	10^{-2}	10^{-5}
m	10^{6}	10^{3}	10^{2}	1	10^{-3}
km	10^{9}	10^{6}	10^{5}	10^{3}	1

Flächenumrechnungen

	mm^2	cm^2	m^2	km^2
mm^2	1	10^{-2}	10^{-6}	10^{-12}
cm^2	10^{2}	1	10^{-4}	10^{-10}
m^2	10^{6}	10^{4}	1	10^{-6}
km^2	10^{12}	10^{10}	10^{6}	1

Voluminaumrechnungen

	mm^3	cm^3	dm^3	m^3
mm^3	1	10^{-3}	10^{-6}	10^{-9}
cm^3	10^{3}	1	10^{-3}	10^{-6}
dm^3	10^{6}	10^{3}	1	10^{-3}
m^3	10^{9}	10^{6}	10^{3}	1

1 dm^3 = 1 Liter

2 Längenberechnungen
length calculation

2.1 Teilungen

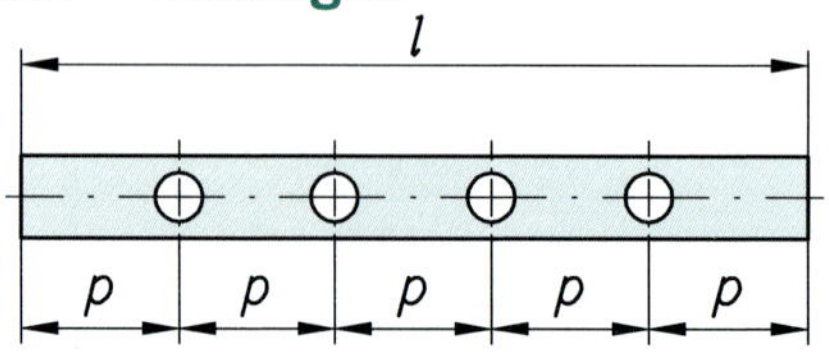

Teilung bei Randabstand = P:

$$p = \frac{l}{n+1} \qquad l = p \cdot (n+1) \qquad n = \frac{l}{p} - 1$$

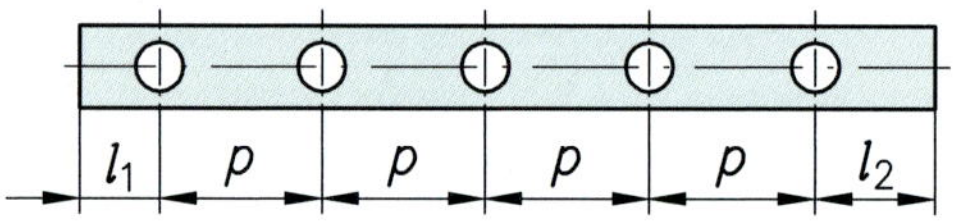

Teilung bei Randabstand ≠ P:

$$p = \frac{l - (l_1 + l_2)}{n-1} \qquad l = p \cdot (n-1) + (l_1 + l_2)$$

Zeichen	Bedeutung	Einheit
p	Teilung	mm
n	Anzahl der Bohrungen	–
l	Gesamtlänge	mm
l_1	Randabstand	mm
l_2	Randabstand	mm

2.2 Gestreckte Länge

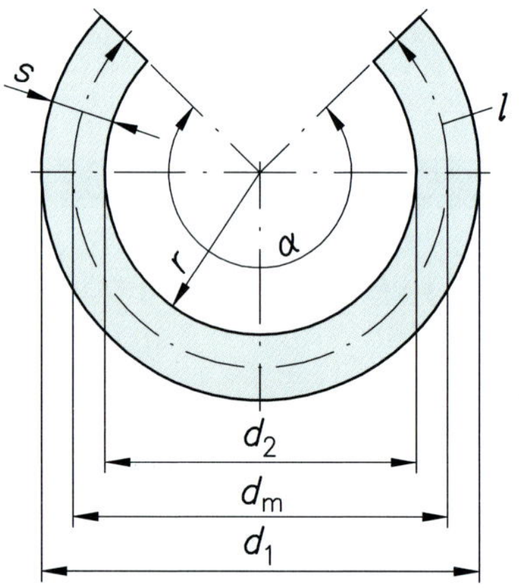

Biegelänge:

$$l = \frac{d_m \cdot \pi \cdot \alpha}{360°} \qquad d_m = \frac{l \cdot 360°}{\pi \cdot \alpha}$$

Mittlerer Durchmesser:

$$d_m = \frac{d_1 + d_2}{2} \qquad d_1 = d_m \cdot 2 - d_2 \qquad d_2 = d_m \cdot 2 - d_1$$

$$d_m = d_1 - s \qquad d_m = d_2 + s$$

Biegeradius:

$$r = \frac{d_2}{2} \qquad d_2 = 2 \cdot r$$

Hinweis: Die neutrale Faser erstreckt sich bei einfach und zweifach symmetrischen Querschnitten durch den Schwerpunkt.

Zeichen	Bedeutung	Einheit
l	Biegelänge, Biegerohlänge aus neutraler Faser	mm
α	Biegewinkel	° (Grad)
r	Biegeradius	mm
d_1	Außendurchmesser	mm
d_2	Innendurchmesser	mm
d_m	Mittlerer Durchmesser	mm
s	Materialstärke	mm

3 Mechanik

mechanics

3.1 Kräfte

Kräftedarstellung

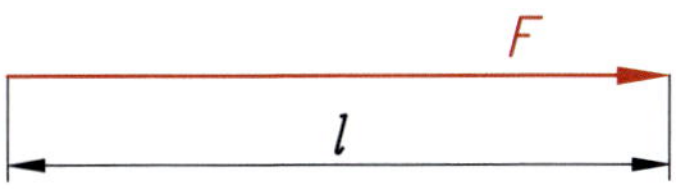

Kräftemaßstab:

$K_M = \frac{F}{l}$ $\quad l = \frac{F}{K_M}$ $\quad F = K_M \cdot l$

Einheit für die Kraft (1 Newton):

$1\ \text{N} = 1\ \text{kg} \cdot 1\ \frac{\text{m}}{\text{s}^2} = 1\ \frac{\text{kg} \cdot \text{m}}{\text{s}^2}$

Zeichen	Bedeutung	Einheit
F	Kraft	N
l	Pfeillänge	mm
K_M	Kräftemaßstab	N/mm

Parallele Kräfte auf gleicher Wirkungslinie

in dieselbe Richtung wirkend: $F_r = F_1 + F_2$ $\quad F_1 = F_r - F_2$ $\quad F_2 = F_r - F_1$

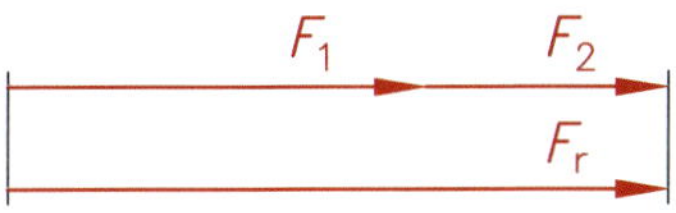

in entgegengesetzte Richtung wirkend: $F_r = F_1 - F_2$ $\quad F_1 = F_r + F_2$ $\quad F_2 = F_1 - F_r$

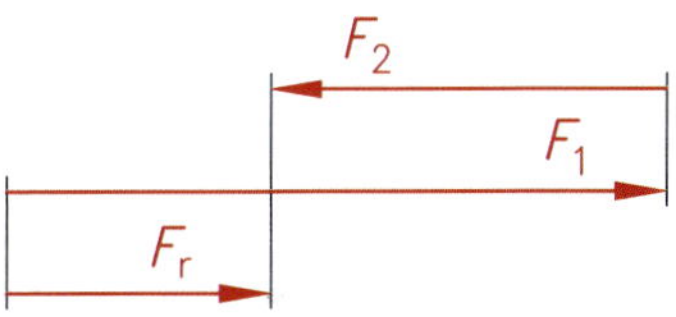

Zeichen	Bedeutung	Einheit
F_1, F_2	Teilkräfte	N
F_r	Resultierende Kraft	N

Addieren von Kräften auf verschiedenen Wirkungslinien

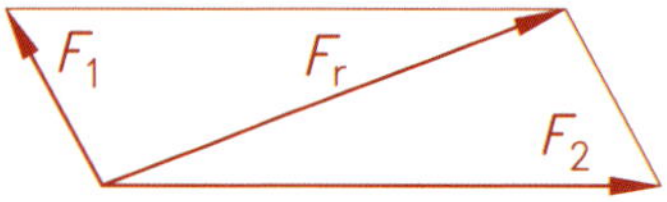

$$F_{r/1/2} = K_M \cdot l \qquad l = \frac{F_{r/1/2}}{K_M} \qquad K_M = \frac{F_{r/1/2}}{l}$$

Die Diagonale im Kräfteparallelogramm entspricht der resultierenden Kraft.

Zeichen	Bedeutung	Einheit
F_1, F_2	Teilkräfte	N
F_r	Resultierende Kraft	N
K_M	Kräftemaßstab	N/mm
l	Pfeillänge	mm

Zerlegen in Kräfte auf verschiedenen Wirkungslinien

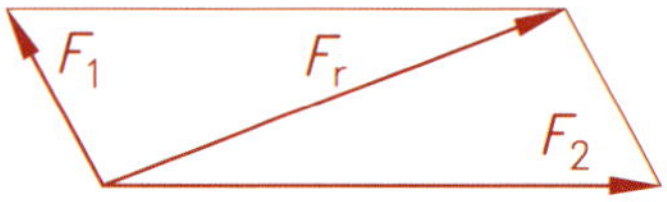

$$F_{r/1/2} = K_M \cdot l \qquad K_M = \frac{F_{r/1/2}}{l} \qquad l = \frac{F_{r/1/2}}{K_M}$$

Die Seiten des Kräfteparallelogramms entsprechen den Teilkräften.

Zeichen	Bedeutung	Einheit
F_1, F_2	Teilkräfte	N
F_r	Resultierende Kraft	N
K_M	Kräftemaßstab	N/mm
l	Pfeillänge	mm

Beschleunigungskraft

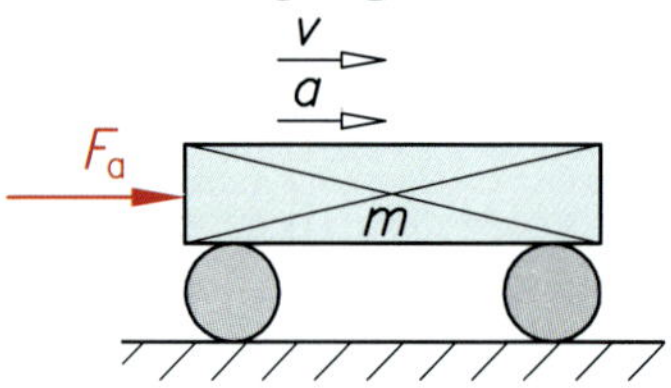

$$F_a = m \cdot a \qquad m = \frac{F_a}{a} \qquad a = \frac{F_a}{m}$$

Einheit für die Beschleunigung:

$$1\,\frac{\text{m}}{\text{s}^2} = \frac{1\ \text{m/s}}{1\ \text{s}}$$

Zeichen	Bedeutung	Einheit
F_a	Beschleunigungskraft	N
m	Masse	kg
a	Beschleunigung/Verzögerung	m/s^2
v	Geschwindigkeit	m/s

3 Mechanik

mechanics

Gewichtskraft

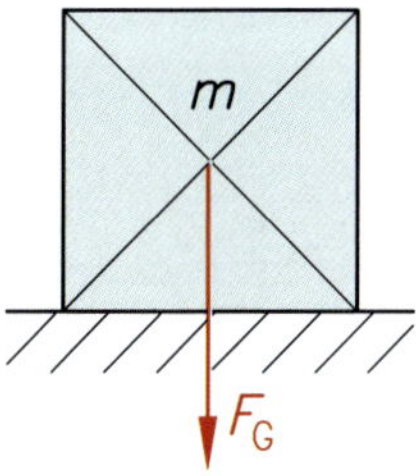

$$F_G = m \cdot g \qquad m = \frac{F_G}{g} \qquad g = \frac{F_G}{m}$$

Fallbeschleunigung:

$$g = 9{,}81\ \frac{\text{m}}{\text{s}^2} \approx 10\ \text{m/s}^2$$

Zeichen	Bedeutung	Einheit
F_G	Gewichtskraft	N
m	Masse	kg
g	Fallbeschleunigung	m/s²

Reibungskraft

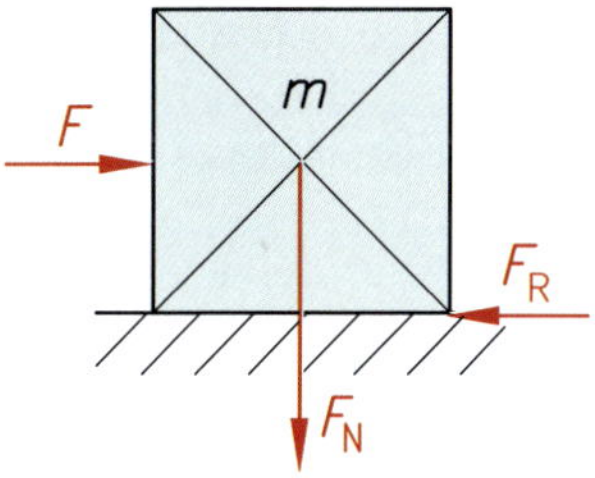

Bei Gleit- und Haftreibung:

$$F_R = \mu \cdot F_N \qquad F_N = \frac{F_R}{\mu} \qquad \mu = \frac{F_R}{F_N}$$

Hinweis: F_N entspricht der Gewichtskraft (FG) bei waagerechter Anordnung.

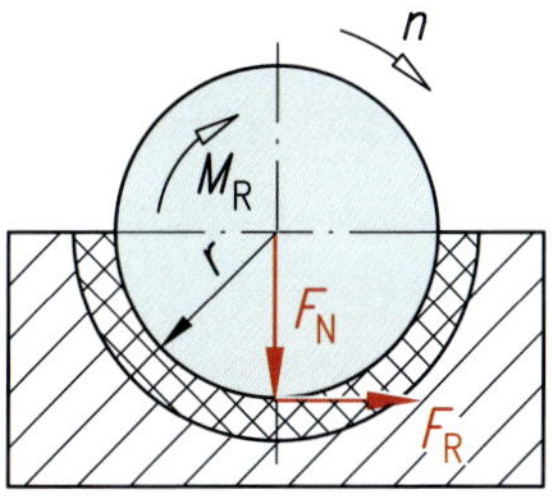

Gleitreibung am Radiallager:

$$F_R = \mu \cdot F_N \qquad F_N = \frac{F_R}{\mu} \qquad \mu = \frac{F_R}{F_N}$$

Reibungsmoment:

$$M_R = F_R \cdot r_m \qquad F_R = \frac{M_R}{r_m} \qquad r_m = \frac{M_R}{F_R}$$

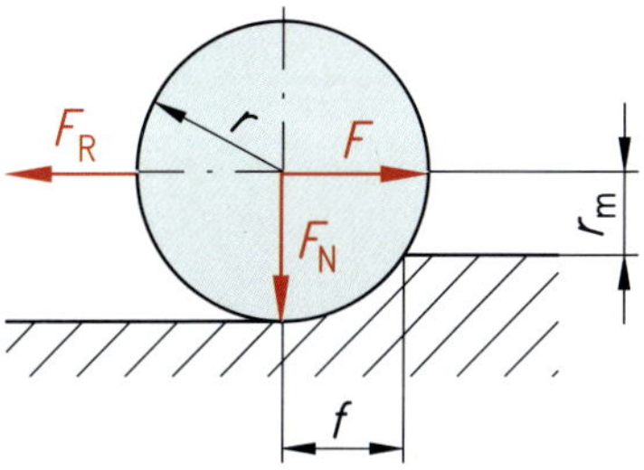

Bei Rollreibung:

$$F_R = \mu_r \cdot F_N \qquad F_N = \frac{F_R}{\mu_r} \qquad \mu_r = \frac{F_R}{F_N}$$

Rollreibungszahl:

$$\mu_r = \frac{f}{r_m} \qquad r_m \approx r$$

$$F_R = \frac{f \cdot F_N}{r_m} \qquad F_N = \frac{F_R \cdot r_m}{f} \qquad r_m = \frac{f \cdot F_N}{F_R}$$

Zeichen	Bedeutung	Einheit
F_R	Reibungskraft	N
F_N	Normalkraft	N
F	Aufzuwendende Kraft	N
M_R	Reibungsmoment	Nm, Nmm
μ	Reibungszahl bei Gleit- oder Haftreibung	–
μ_r	Rollreibungszahl	–
r_m	Wirkradius	mm
f	Hebelarm (aus Verformung)	mm
r	Radius	mm

3.2 Hebel und Drehmomente

Einseitiger Hebel mit einer Kraft

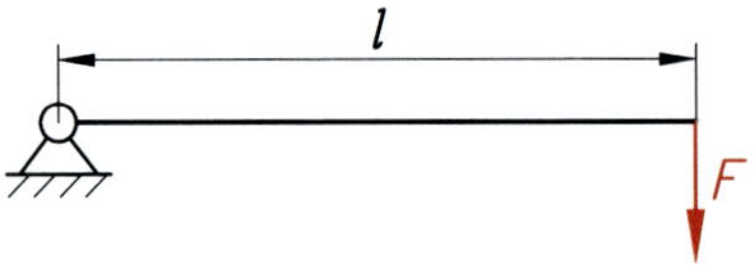

$$M = F \cdot l \qquad F = \frac{M}{l} \qquad l = \frac{M}{F}$$

Einseitiger Hebel mit zwei Kräften

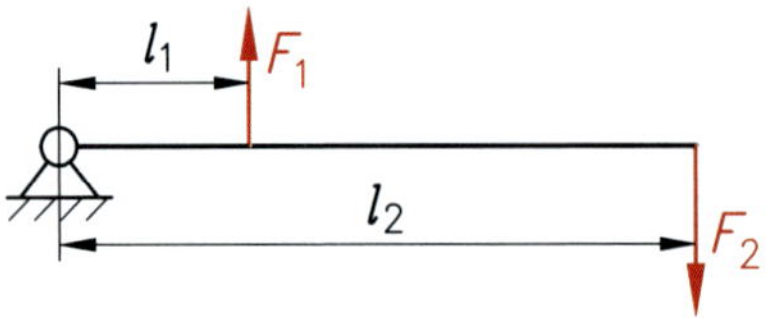

Hebelgesetz:

$$\Sigma M_l = \Sigma M_r \qquad F_1 \cdot l_1 = F_2 \cdot l_2$$

Zweiseitiger Hebel

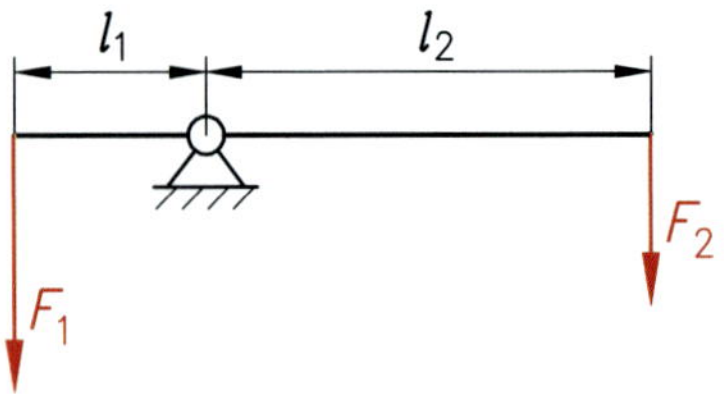

$$F_1 \cdot l_1 = F_2 \cdot l_2 \qquad F_1 = \frac{F_2 \cdot l_2}{l_1} \qquad F_2 = \frac{F_1 \cdot l_1}{l_2}$$

$$l_1 = \frac{F_2 \cdot l_2}{F_1} \qquad l_2 = \frac{F_1 \cdot l_1}{F_2}$$

Winkelhebel

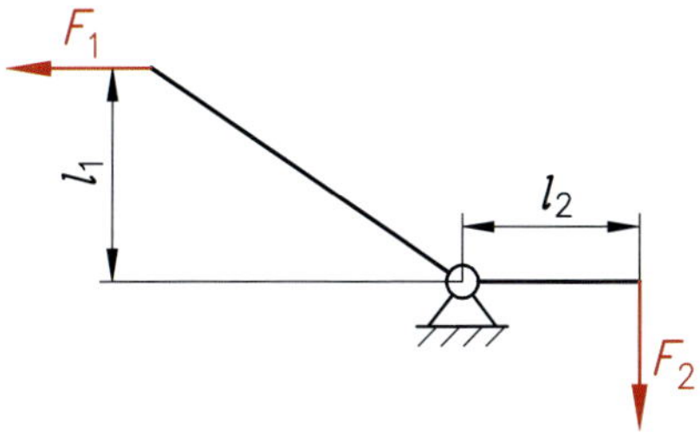

Hinweis:
Die wirksame Hebelarmlänge ist rechtwinklig zur Wirkungslinie der Kraft durch den Drehpunkt des Hebels gemessen.

Zeichen	Bedeutung	Einheit
M	Drehmoment	Nm
M_l	linksdrehendes Moment	Nm
M_r	rechtsdrehendes Moment	Nm
F_1, F_2	Kräfte	N
l, l_1, l_2	Wirksame Hebelarmlänge	m

3.3 Auflagerkräfte

Auflagerkräfte mit einer Belastungskraft

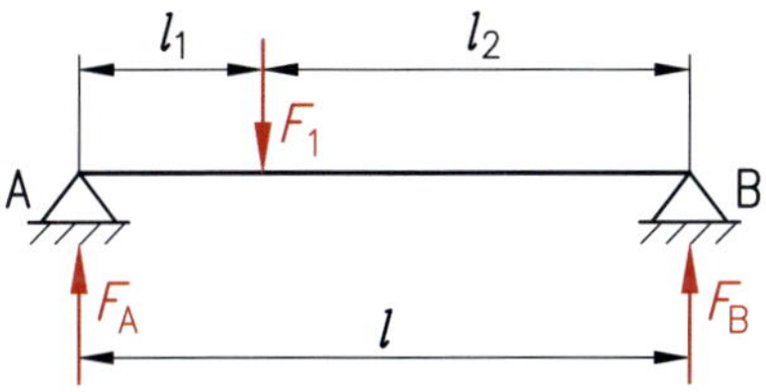

Grundgleichung:

$$\Sigma M_l = \Sigma M_r$$

Angenommener Drehpunkt in B:

$$F_1 \cdot l_2 = F_A \cdot l$$

$$F_A = \frac{F_1 \cdot l_2}{l} \qquad F_1 = \frac{F_A \cdot l}{l_2} \qquad l_2 = \frac{F_A \cdot l}{F_1}$$

$$l = \frac{F_1 \cdot l_2}{F_A}$$

Angenommener Drehpunkt in A:

$$F_B \cdot l = F_1 \cdot l_1$$

$$F_B = \frac{F_1 \cdot l_1}{l} \qquad F_1 = \frac{F_B \cdot l}{l_1} \qquad l_1 = \frac{F_B \cdot l}{F_1}$$

$$l = \frac{F_1 \cdot l_1}{F_B}$$

Auflagerkräfte mit mehreren Belastungskräften

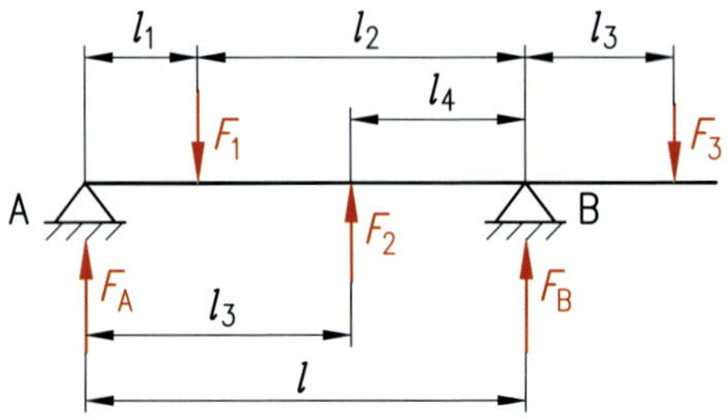

Grundgleichung:

$$\Sigma M_l = \Sigma M_r$$

Angenommener Drehpunkt in B:

$$F_1 \cdot l_2 = F_A \cdot l + F_2 \cdot l_4 + F_3 \cdot l_3$$

$$F_A = \frac{F_1 \cdot l_2 - F_2 \cdot l_4 - F_3 \cdot l_3}{l}$$

Angenommener Drehpunkt in A:

$$F_B \cdot l + F_2 \cdot l_3 = F_1 \cdot l_1 + \cdot F_3 \cdot (l + l_3)$$

$$F_B = \frac{F_1 \cdot l_1 + \cdot F_3 \cdot (l + l_3) - F_2 \cdot l_3}{l}$$

Hinweis:
Die Summe der Auflagerkräfte ist gleich der Summe der senkrecht wirkenden Belastungskräfte.

Wirkrichtung beachten!

$$F_A + F_B = F_1 + F_2 + F_3 + \ldots$$

Zeichen	Bedeutung	Einheit
ΣM_l	Summe aller linksdrehenden Momente	Nm
ΣM_r	Summe aller rechtsdrehenden Momente	Nm
F_A, F_B	Auflagerkraft in A/B	N
$F_1, F_2, F_3 \ldots$	Teilkräfte	N
$l, l_1, l_2, l_3 \ldots$	Wirksame Hebelarmlänge	m

4 Bewegungslehre

kinematics

4.1 Geradlinige Bewegung

Gleichförmige geradlinige Bewegung

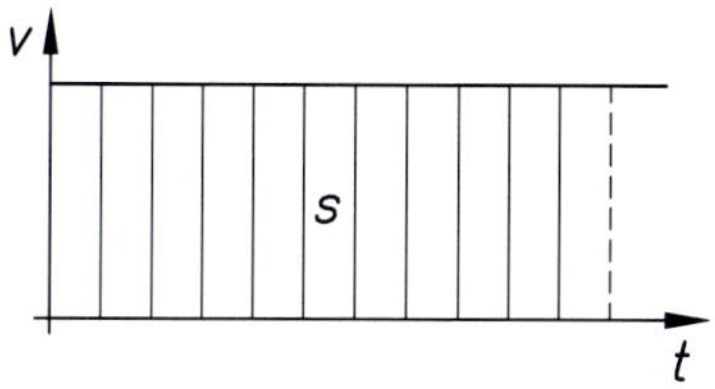

$$v = \frac{s}{t} \qquad s = v \cdot t \qquad t = \frac{s}{v}$$

Einheitenumformung:

$$1\,\frac{\text{m}}{\text{s}} = 60\,\frac{\text{m}}{\text{min}} = 3{,}6\,\frac{\text{km}}{\text{h}}$$

$$1\,\frac{\text{km}}{\text{h}} = 16{,}67\,\frac{\text{m}}{\text{min}} = 0{,}278\,\text{m/s}$$

Zeichen	Bedeutung	Einheit
v	Geschwindigkeit	m/s
s	Weg	m
t	Zeit	s

Gleichmäßig beschleunigte Bewegung

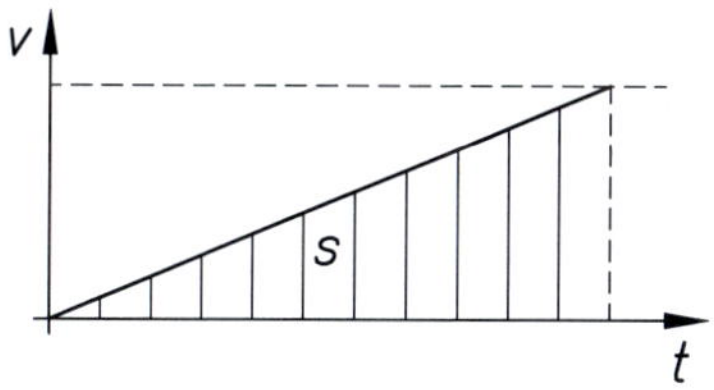

End- oder Anfangsgeschwindigkeit:

$$v = a \cdot t \qquad t = \frac{v}{a} \qquad a = \frac{v}{t}$$

$$v = \sqrt{2 \cdot a \cdot s} \qquad s = \frac{v^2}{2 \cdot a} \qquad a = \frac{v^2}{2 \cdot s}$$

Beschleunigungs- oder Verzögerungsweg:

$$s = \frac{1}{2} \cdot v \cdot t \qquad v = \frac{2 \cdot s}{t} \qquad t = \frac{2 \cdot s}{v}$$

$$s = \frac{1}{2} \cdot a \cdot t^2 \qquad t = \sqrt{\frac{2 \cdot s}{a}} \qquad a = \frac{2 \cdot s}{t^2}$$

Zeichen	Bedeutung	Einheit
v	Endgeschwindigkeit/Anfangsgeschwindigkeit	m/s
s	Beschleunigungsweg/Verzögerungsweg	m
a	Beschleunigung/Verzögerung	m/s^2
t	Beschleunigungszeit/Verzögerungszeit	s

4.2 Freier Fall

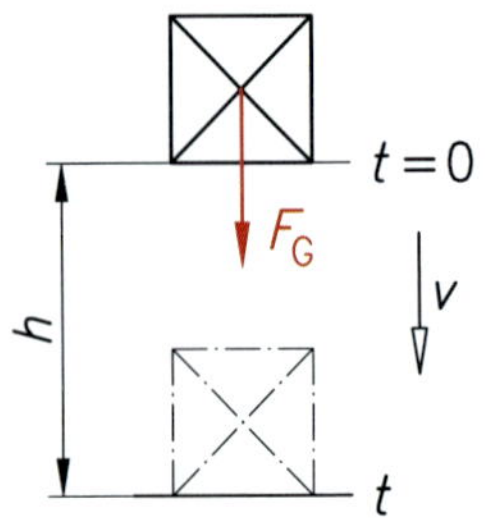

Fallgeschwindigkeit:

$$v = g \cdot t \qquad t = \frac{v}{g}$$

$$v = \sqrt{2 \cdot g \cdot h} \qquad h = \frac{v^2}{2 \cdot g}$$

Fallbeschleunigung:

$$g = 9{,}81\,\frac{\text{m}}{\text{s}^2} \approx 10\,\frac{\text{m}}{\text{s}^2}$$

Die Geschwindigkeit eines auf der Erde frei fallenden Körpers erhöht sich um 9,81 m/s pro Sekunde.

Fallhöhe:

$$h = \frac{1}{2} \cdot v \cdot t \qquad v = \frac{2 \cdot h}{t} \qquad t = \frac{2 \cdot h}{v}$$

$$h = \frac{1}{2} \cdot g \cdot t^2 \qquad t = \sqrt{\frac{2 \cdot h}{g}}$$

Zeichen	Bedeutung	Einheit
v	Endgeschwindigkeit für eine gegebene Fallhöhe (bei $v_0 = 0$ m/s)	m/s
h	Fallhöhe (zurückgelegter Weg)	m
g	Fallbeschleunigung	m/s²
t	Fallzeit (bei $t_0 = 0$s)	s

4.3 Kreisförmige Bewegung

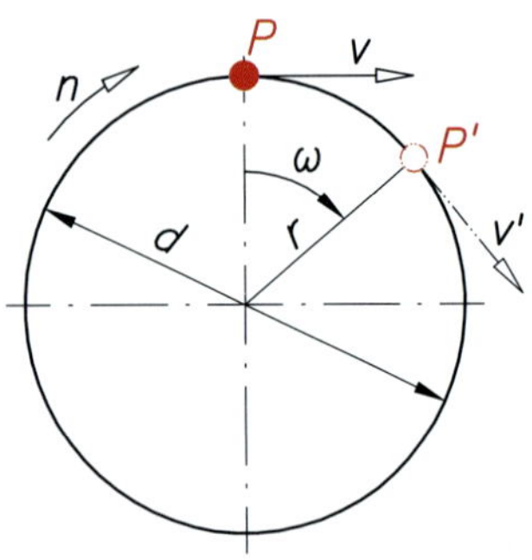

Umfangsgeschwindigkeit:

$$v = d \cdot \pi \cdot n \qquad d = \frac{v}{n \cdot \pi} \qquad n = \frac{v}{d \cdot \pi}$$

Winkelgeschwindigkeit:

$$v = \omega \cdot r \qquad \omega = \frac{v}{r} \qquad r = \frac{v}{\omega}$$

Zahlenwertgleichung

$$\left(\text{nur bei } n \text{ in } \frac{1}{\text{min}}\right): \qquad \omega = \frac{\pi \cdot n}{30} \qquad n = \frac{30 \cdot \omega}{\pi}$$

Zeichen	Bedeutung	Einheit
v	Umfangsgeschwindigkeit	m/s
n	Umdrehungsfrequenz	1/s
d	Durchmesser	m
ω	Winkelgeschwindigkeit	1/s
r	Radius	m

4.4 Kurbeltrieb

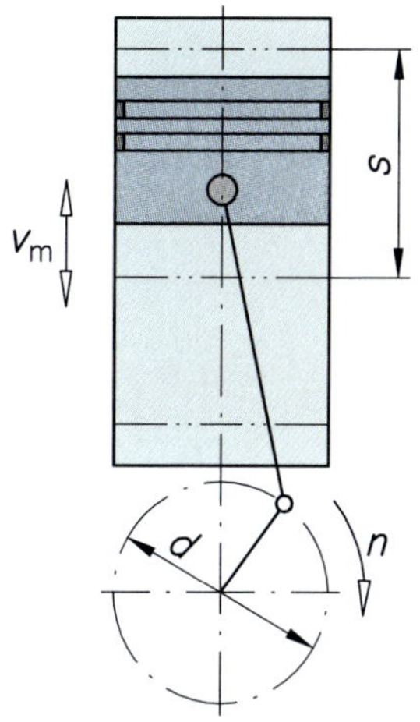

$$v_m = 2 \cdot s \cdot n$$

$$n = \frac{v_m}{2 \cdot s}$$

$$s = \frac{v_m}{2 \cdot n}$$

$$s = d$$

Zeichen	Bedeutung	Einheit
v_m	Mittlere Kolbengeschwindigkeit	m/min
n	Anzahl der Doppelhübe (Drehzahl)	1/min
s	Hublänge	m
d	Wirksamer Durchmesser des Kurbelkreises	m

4.5 Schnittgeschwindigkeit

Bohren

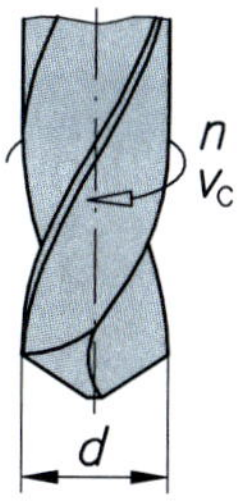

Drehen

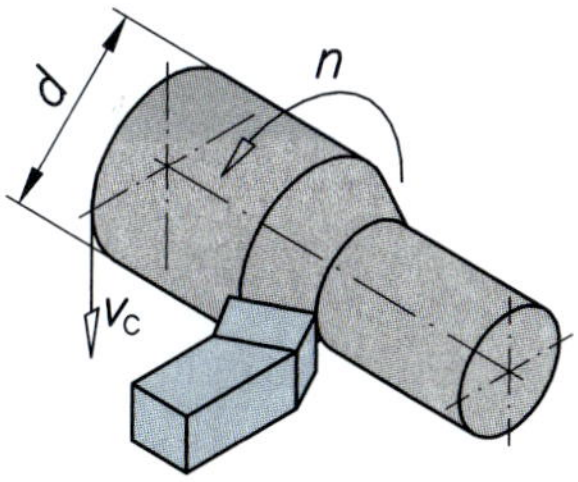

Fräsen

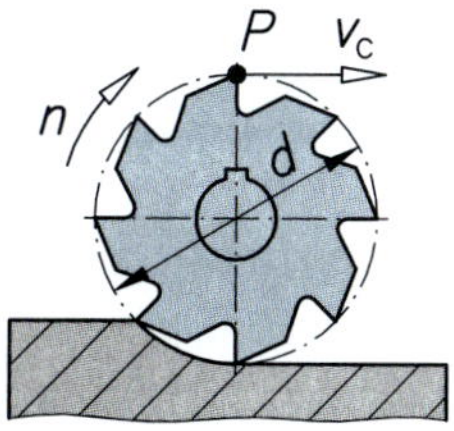

$$v_c = d \cdot \pi \cdot n$$

$$d = \frac{v_c}{\pi \cdot n}$$

$$n = \frac{v_c}{\pi \cdot d}$$

Zeichen	Bedeutung	Einheit
v_c	Schnittgeschwindigkeit	m/min
n	Umdrehungsfrequenz (Werkzeug/Werkstück)	1/min
d	Durchmesser (Werkzeug/Werkstück)	m

5 Mechanische Arbeit, Energie und Leistung

mechanical work, power and performance

5.1 Mechanische Arbeit

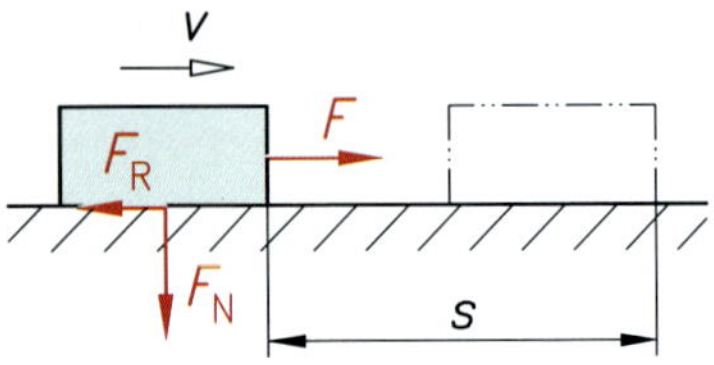

Arbeit:

$$W = F \cdot s \qquad F = \frac{W}{s} \qquad s = \frac{W}{F}$$

Reibungsarbeit:

$$W = \mu \cdot F_N \cdot s \qquad s = \frac{W}{\mu \cdot F_N} \qquad F_N = \frac{W}{\mu \cdot s}$$

$$W = F_R \cdot s \qquad F_R = \frac{W}{s} \qquad s = \frac{W}{F_R}$$

Reibungskraft:

$$F_R = F_N \cdot \mu \qquad F_N = \frac{F_R}{\mu} \qquad \mu = \frac{F_R}{F_N}$$

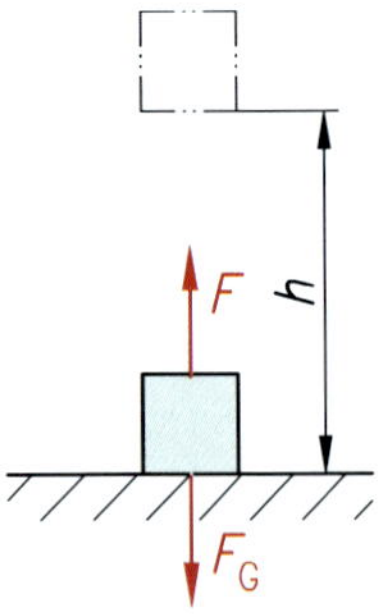

Hubarbeit:

$$W = F_G \cdot h \qquad F_G = \frac{W}{h} \qquad h = \frac{W}{F_G}$$

Einheitenumformung:

$$1\ \mathrm{J} = 1\ \mathrm{N} \cdot 1\ \mathrm{m} = 1\ \mathrm{W} \cdot 1\ \mathrm{s} = \frac{1\ \mathrm{kg} \cdot \mathrm{m}^2}{\mathrm{s}^2}$$

Zeichen	Bedeutung	Einheit
F	Kraft in Wegrichtung	N
F_G	Gewichtskraft	N
F_N	Normalkraft	N
F_R	Reibungskraft	N
W	Arbeit	J (Joule), Nm
s	Kraftweg	m
h	Hubhöhe	m
μ	Reibungskoeffizient	–

5.2 Feste Rolle

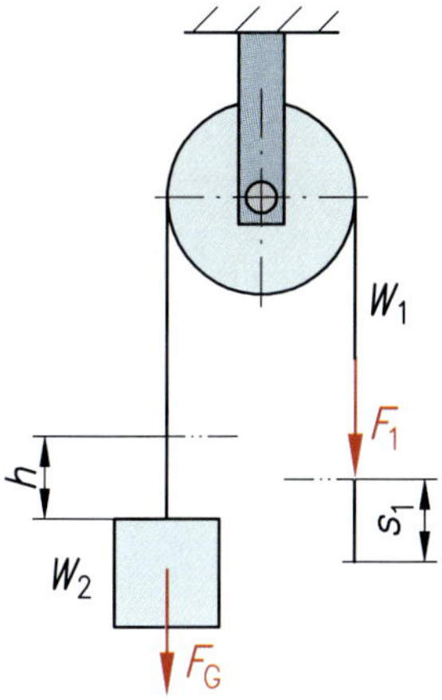

$W_1 = W_2$ $\quad F_1 \cdot s_1 = F_G \cdot h$

$W_1 = F_1 \cdot s_1$ $\quad F_1 = \frac{W_1}{s_1}$ $\quad s_1 = \frac{W_1}{F_1}$

$W_2 = F_G \cdot h$ $\quad F_G = \frac{W_2}{h}$ $\quad h = \frac{W_2}{F_G}$

$F_1 = F_G$ $\quad s_1 = h$

5.3 Lose Rolle

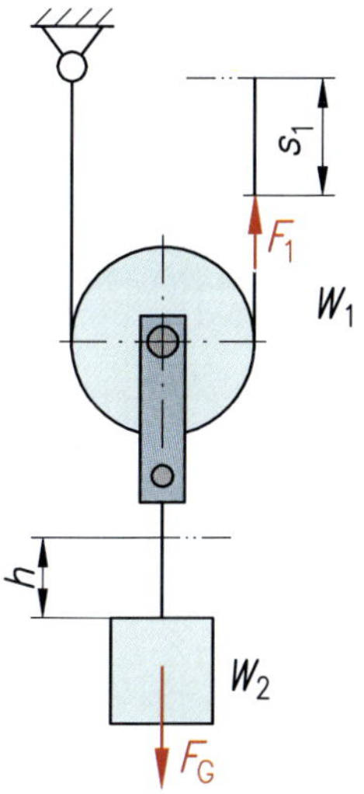

$W_1 = W_2$ $\quad F_1 \cdot s_1 = F_G \cdot h$

$W_1 = F_1 \cdot s_1$ $\quad F_1 = \frac{W_1}{s_1}$ $\quad s_1 = \frac{W_1}{F_1}$

$W_2 = F_G \cdot h$ $\quad F_G = \frac{W_2}{h}$ $\quad h = \frac{W_2}{F_G}$

$F_1 = \frac{F_G}{2}$ $\quad F_G = F_1 \cdot 2$

$s_1 = 2 \cdot h$ $\quad h = \frac{s_1}{2}$

Zeichen	Bedeutung	Einheit
W_1	Aufgewendete Arbeit	J (Joule), Nm
W_2	Abgegebene Arbeit	J (Joule), Nm
F_1	Aufgewendete Kraft	N
F_G	Gewichtskraft	N
s_1	Weg in Richtung F_1	m
h	Hubhöhe	m

5.4 Flaschenzug

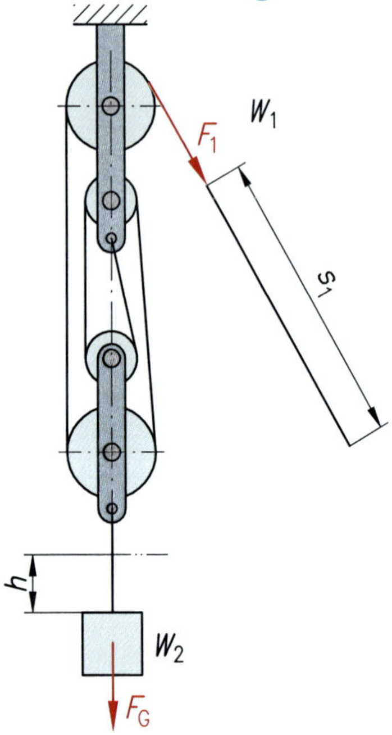

$W_1 = W_2$	$F_1 \cdot s_1 = F_G \cdot h$	
$W_1 = F_1 \cdot s_1$	$F_1 = \frac{W_1}{s_1}$	$s_1 = \frac{W_1}{F_1}$
$W_2 = F_G \cdot h$	$F_G = \frac{W_2}{h}$	$h = \frac{W_2}{F_G}$
$F_1 = \frac{F_G}{n}$	$F_G = F_1 \cdot n$	$n = \frac{F_G}{F_1}$
$s_1 = n \cdot h$	$h = \frac{s_1}{n}$	$n = \frac{s_1}{h}$

Zeichen	Bedeutung	Einheit
W_1	Aufgewendete Arbeit	J (Joule), Nm
W_2	Abgegebene Arbeit	J (Joule), Nm
F_1	Aufgewendete Kraft	N
F_G	Gewichtskraft	N
s_1	Weg in Richtung F_1	m
h	Hubhöhe	m
n	Anzahl der tragenden Seile (= Anzahl der Rollen)	–

5.5 Winde

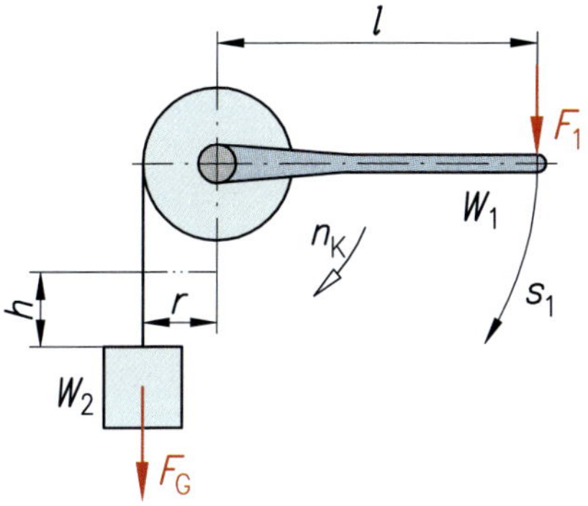

$W_1 = W_2$ $\qquad F_1 \cdot s_1 = F_G \cdot h$

$W_1 = F_1 \cdot s_1$ $\qquad F_1 = \frac{W_1}{s_1}$ $\qquad s_1 = \frac{W_1}{F_1}$

$W_2 = F_G \cdot h$ $\qquad F_G = \frac{W_2}{h}$ $\qquad h = \frac{W_2}{F_G}$

$s_1 = 2 \cdot l \cdot \pi \cdot n_k$ $\qquad h = 2 \cdot r \cdot \pi \cdot n_k$

Hebelgesetz:

$F_1 \cdot l = F_G \cdot r$ $\qquad F_1 = \frac{F_G \cdot r}{l}$ $\qquad F_G = \frac{F_1 \cdot l}{r}$

$l = \frac{F_G \cdot r}{F_1}$ $\qquad r = \frac{F_1 \cdot l}{F_G}$

Zeichen	Bedeutung	Einheit
W_1	Aufgewendete Arbeit	J (Joule), Nm
W_2	Abgegebene Arbeit	J (Joule), Nm
F_1	Aufgewendete Kraft	N
F_G	Gewichtskraft	N
l	Kurbellänge	m
r	Trommelradius	m
s_1	Weg in Richtung F_1	m
h	Hubhöhe	m
n_K	Anzahl der Kurbelumdrehungen	–

5.6 Schraube

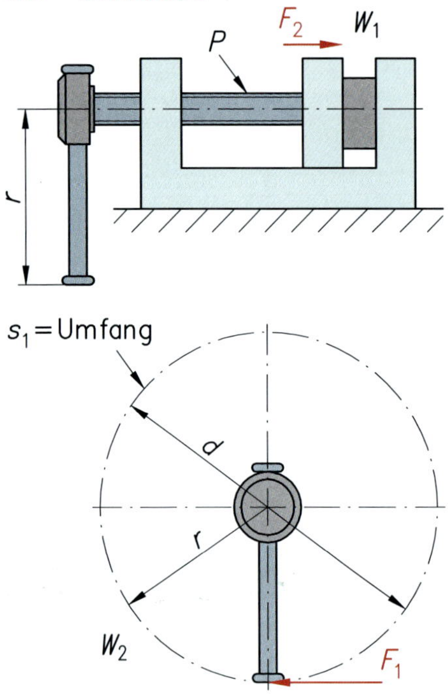

$$F_1 \cdot s_1 = F_2 \cdot s_2$$

$$W_1 = W_2$$

$$F_1 \cdot 2 \cdot r \cdot \pi = F_2 \cdot P$$

$$F_1 = \frac{F_2 \cdot P}{2 \cdot r \cdot \pi} \qquad r = \frac{F_2 \cdot P}{F_1 \cdot 2 \cdot \pi}$$

$$F_2 = \frac{F_1 \cdot 2 \cdot r \cdot \pi}{P} \qquad P = \frac{F_1 \cdot 2 \cdot r \cdot \pi}{F_2}$$

$$W_1 = F_1 \cdot 2 \cdot r \cdot \pi \qquad F_1 = \frac{W_1}{2 \cdot r \cdot \pi} \qquad r = \frac{W_1}{F_1 \cdot 2 \cdot \pi}$$

$$W_2 = F_2 \cdot P \qquad F_2 = \frac{W_2}{P} \qquad P = \frac{W_2}{F_2}$$

$$s_1 = 2 \cdot r \cdot \pi \qquad r = \frac{s_1}{2 \cdot \pi}$$

$$s_2 = P$$

Zeichen	Bedeutung	Einheit
W_1	Aufgewendete Arbeit	J (Joule), Nm
W_2	Abgegebene Arbeit	J (Joule), Nm
F_1	Aufgewendete Kraft am Hebel	N
F_2	Kraft in Richtung Gewindespindel	N
r	Länge des Hebels	m
s_1	Umfang aus Hebellänge	m
s_2, P	Verfahrweg/Gewindesteigung	m

5.7 Schiefe Ebene

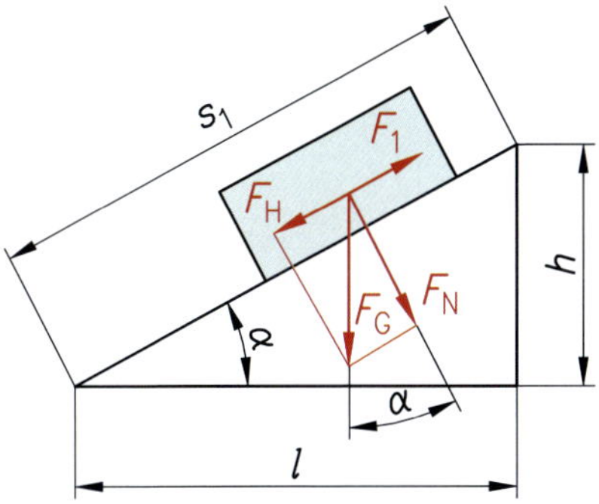

$W_1 = W_2$	$F_1 = F_H$	$F_1 \cdot s_1 = F_G \cdot h$
$W_1 = F_1 \cdot s_1$	$F_1 = \frac{W_1}{s_1}$	$s_1 = \frac{W_1}{F_1}$
$W_2 = F_G \cdot h$	$F_G = \frac{W_2}{h}$	$h = \frac{W_2}{F_G}$
$F_1 \cdot s_1 = F_G \cdot h$	$F_G = \frac{F_1 \cdot s_1}{h}$	$h = \frac{F_1 \cdot s_1}{F_G}$
	$s_1 = \frac{F_G \cdot h}{F_1}$	$F_1 = \frac{F_G \cdot h}{s_1}$
$F_H = F_G \cdot \sin \alpha$	$F_G = \frac{F_H}{\sin \alpha}$	$\sin \alpha = \frac{F_H}{F_G}$
$F_N = F_G \cdot \cos \alpha$	$F_G = \frac{F_N}{\cos \alpha}$	$\cos \alpha = \frac{F_N}{F_G}$
$\sin \alpha = \frac{h}{s_1}$	$s_1 = \frac{h}{\sin \alpha}$	$h = s_1 \cdot \sin \alpha$
$\cos \alpha = \frac{l}{s_1}$	$s_1 = \frac{l}{\cos \alpha}$	$l = s_1 \cdot \cos \alpha$
$\tan \alpha = \frac{h}{l}$	$l = \frac{h}{\tan \alpha}$	$h = l \cdot \tan \alpha$

Zeichen	Bedeutung	Einheit
W_1	Aufgewendete Arbeit	J (Joule), Nm
W_2	Abgegebene Arbeit	J (Joule), Nm
F_1	Aufgewendete Kraft	N
F_G	Gewichtskraft	N
F_N	Normalkraft (Kraft senkrecht zur Unterlage)	N
F_H	Hangabtriebskraft	N
s_1	Weg in Richtung F_1	m
h	Höhe der schiefen Ebene	m
l	Grundlänge der schiefen Ebene	m
α	Neigungswinkel der schiefen Ebene	° (Grad)

5.8 Keil

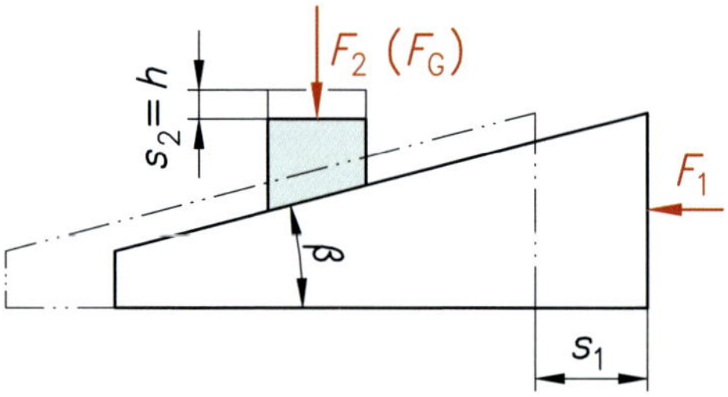

$W_1 = W_2$ $\quad$ $F_1 \cdot s_1 = F_G \cdot s_2$ $\quad$ $s_2 = h$ $\quad$ $F_2 = F_G$

$W_1 = F_1 \cdot s_1$ $\quad$ $F_1 = \frac{W_1}{s_1}$ $\quad$ $s_1 = \frac{W_1}{F_1}$

$W_2 = F_G \cdot h$ $\quad$ $F_G = \frac{W_2}{h}$ $\quad$ $h = \frac{W_2}{F_G}$

$F_1 \cdot s_1 = F_G \cdot h$ $\quad$ $F_G = \frac{F_1 \cdot s_1}{h}$ $\quad$ $h = \frac{F_1 \cdot s_1}{F_G}$

$s_1 = \frac{F_G \cdot h}{F_1}$ $\quad$ $F_1 = \frac{F_G \cdot h}{s_1}$

$\tan\beta = \frac{h}{s_1}$ $\quad$ $h = s_1 \cdot \tan\beta$ $\quad$ $s_1 = \frac{h}{\tan\beta}$

$\tan\beta = \frac{F_1}{F_G}$ $\quad$ $F_1 = F_G \cdot \tan\beta$ $\quad$ $F_G = \frac{F_1}{\tan\beta}$

Zeichen	Bedeutung	Einheit
W_1	Aufgewendete Arbeit	J (Joule), Nm
W_2	Abgegebene Arbeit	J (Joule), Nm
F_1	Aufgewendete Kraft	N
$F_2\ (F_G)$	Gewichtskraft	N
s_1	Weg in Richtung Kraft F_1	m
h, s_2	Nutzhöhe	m
β	Neigungswinkel des Keils	° (Grad)

5.9 Mechanische Energie

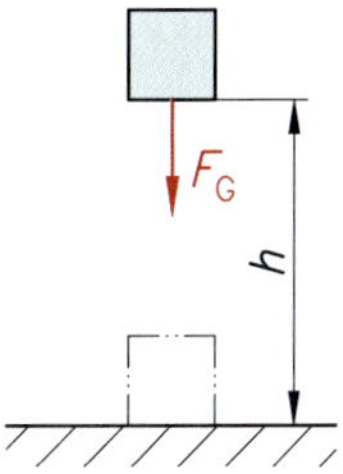

Potenzielle Energie (Energie der Lage)

$W_p = F_G \cdot h$ $\quad$ $W_p = m \cdot g \cdot h$ $\quad$ $F_G = m \cdot g$

$F_G = \frac{W_p}{h}$ $\quad$ $h = \frac{W_p}{F_G}$

Spannenergie

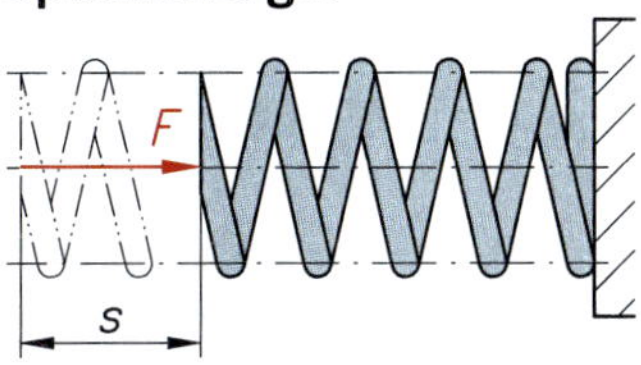

Federkonstante:

$k = \frac{F}{s}$ $\quad$ $F = k \cdot s$ $\quad$ $s = \frac{F}{k}$

Spannenergie:

$W_p = \frac{k \cdot s^2}{2}$ $\quad$ $k = \frac{2 \cdot W_p}{s^2}$ $\quad$ $s = \sqrt{\frac{2 \cdot W_p}{k}}$

$W_p = \frac{F}{2} \cdot s$ $\quad$ $F = \frac{2 \cdot W_p}{s}$ $\quad$ $s = \frac{2 \cdot W_p}{F}$

Einheitenumformung: $1\ \mathrm{J} = 1\ \mathrm{N} \cdot \mathrm{m} = 1\ \mathrm{W} \cdot \mathrm{s} = \frac{1\ \mathrm{kg} \cdot \mathrm{m}^2}{\mathrm{s}^2}$

Zeichen	Bedeutung	Einheit
W_p	Lageenergie, Spannenergie (potenzielle Energie)	J (Joule), (Nm)
F_G	Gewichtskraft	N
m	Masse	kg
g	Fallbeschleunigung	m/s²
h	Höhe	m
k	Federkonstante	N/m
F	Kraft auf die Feder	N
s	Längenänderung, Federweg	m

5.10 Kinetische Energie (Energie der Bewegung)

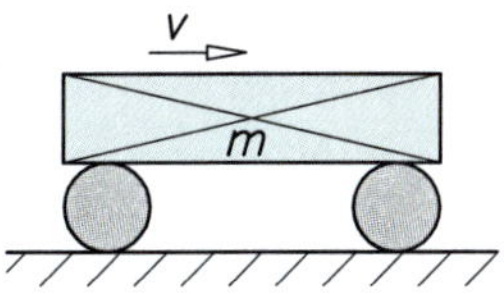

$W_k = \frac{m \cdot v^2}{2}$ $\quad$ $m = \frac{2 \cdot W_k}{v^2}$ $\quad$ $v = \sqrt{\frac{2 \cdot W_k}{m}}$

Zeichen	Bedeutung	Einheit
W_k	Kinetische Energie	J (Joule), Nm
m	Masse	kg
v	Geschwindigkeit	m/s

5.11 Mechanische Leistung

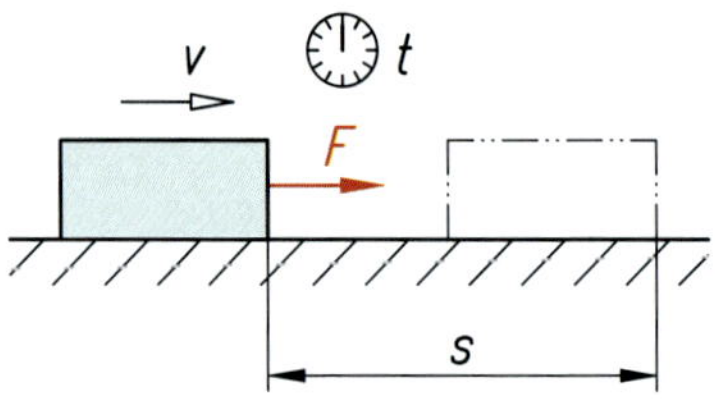

Leistung bei geradliniger Bewegung und konstanter Geschwindigkeit:

$P = \frac{W}{t}$	$W = P \cdot t$	$t = \frac{W}{P}$	
$P = \frac{F \cdot s}{t}$	$F = \frac{P \cdot t}{s}$	$s = \frac{P \cdot t}{F}$	$t = \frac{F \cdot s}{P}$
$P = F \cdot v$	$F = \frac{P}{v}$	$v = \frac{P}{F}$	

Einheitenumformung:

$1\ \text{W} = 1\ \frac{\text{J}}{\text{s}} = 1\ \frac{\text{N} \cdot \text{m}}{\text{s}}$ $\quad 1\ \text{kW} = 1\,000\ \text{W} = 1{,}36\ \text{PS}$

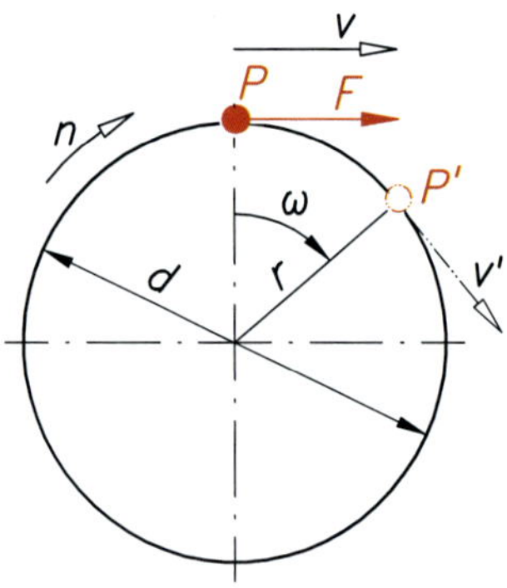

Leistung bei kreisförmiger Bewegung und konstanter Drehzahl:

$P = F \cdot v$	$F = \frac{P}{v}$	$v = \frac{P}{F}$
$P = F \cdot \pi \cdot d \cdot n$	$F = \frac{P}{\pi \cdot d \cdot n}$	$d = \frac{P}{\pi \cdot F \cdot n}$
		$n = \frac{P}{d \cdot \pi \cdot F}$
$P = M \cdot 2 \cdot \pi \cdot n$	$M = \frac{P}{2 \cdot \pi \cdot n}$	$n = \frac{P}{M \cdot 2 \cdot \pi}$
$P = M \cdot \omega$	$M = \frac{P}{\omega}$	$\omega = \frac{P}{M}$

Zahlenwertgleichung:

Hinweis: Als Zahlenwertgleichung sind hier nur die *Maßzahlen* verknüpft. Die Größen sind einzusetzen:
M in N · m;
n in 1/min;
P in kW

$P = \frac{M \cdot n}{9550}$	$M = \frac{P \cdot 9550}{n}$	$n = \frac{P \cdot 9550}{M}$

Winkelgeschwindigkeit:

$\omega = \frac{v}{r}$	$v = \omega \cdot r$	$r = \frac{v}{\omega}$

Zeichen	Bedeutung	Einheit
P	Leistung	W, Nm/s
F	Kraft/Umfangskraft	N
W	Arbeit	J (Joule), Nm
M	Drehmoment	Nm
v	Geschwindigkeit	m/s
s	Weg in Kraftrichtung	m
t	Zeit	s
n	Drehzahl	1/s
ω	Winkelgeschwindigkeit	1/s
d	Durchmesser	m

5.12 Wirkungsgrad

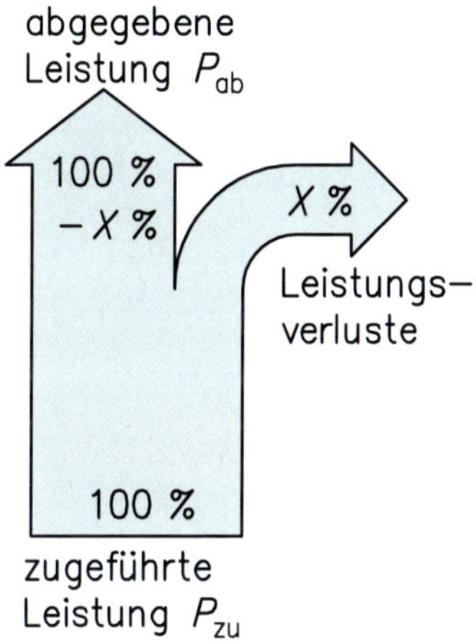

Einzelwirkungsgrad:

$$\eta = \frac{P_{ab}}{P_{zu}} \qquad P_{ab} = P_{zu} \cdot \eta \qquad P_{zu} = \frac{P_{ab}}{\eta}$$

$$\eta = \frac{W_{ab}}{W_{zu}} \qquad W_{ab} = W_{zu} \cdot \eta \qquad W_{zu} = \frac{W_{ab}}{\eta}$$

Gesamtwirkungsgrad:

$$\eta = \eta_1 \cdot \eta_2 \cdot \eta_3 \cdot \ldots \qquad \eta_1 = \frac{\eta}{\eta_2 \cdot \eta_3 \cdot \ldots} \qquad \eta_2 = \frac{\eta}{\eta_1 \cdot \eta_3 \cdot \ldots}$$

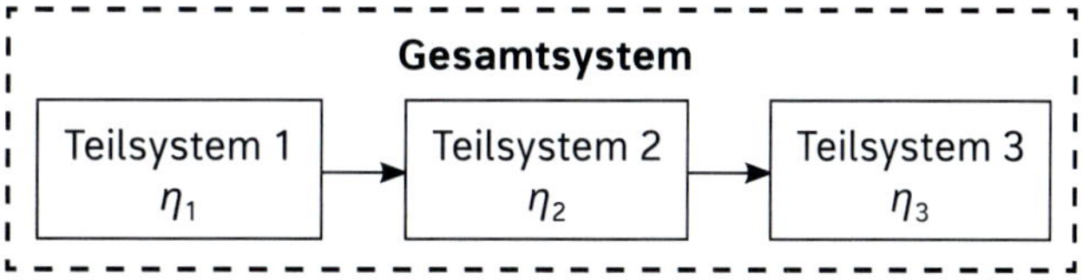

Zeichen	Bedeutung	Einheit
P_{zu}	Zugeführte Leistung	W
P_{ab}	Abgegebene Leistung	W
W_{zu}	Zugeführte Arbeit	J (Joule), Nm
W_{ab}	Abgegebene Arbeit	J (Joule), Nm
η	Gesamtwirkungsgrad	–
η_1, η_2, η_3	Einzelwirkungsgrade	–

6 Temperatur und Wärme

temperature and heat

6.1 Temperatur

$0\,K \triangleq -273\,°C$

Temperatur in Kelvin:

$$T = t + 273$$

$273\,K \triangleq 0\,°C$

Temperatur in Celsius:

$$t = T - 273$$

Zeichen	Bedeutung	Einheit
T	Absolute Temperatur	K
t	Relative Temperatur	°C

6.2 Längenänderung (durch Erwärmung)

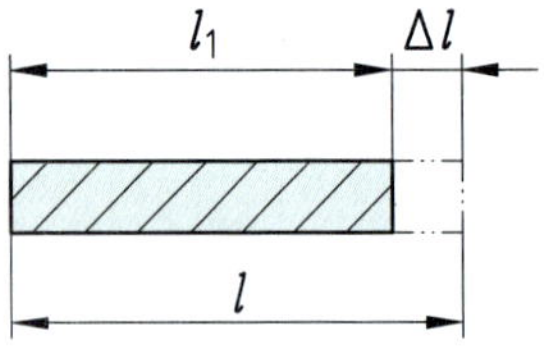

Anmerkung:
Alle Formeln gelten auch für die Berechnung von Durchmesseränderungen durch Erwärmung von Rundteilen. Anstelle von *l* wird der Durchmesser *d* in die Formeln eingesetzt.

Berücksichtigung der relativen Temperatur in °Celsius:

$$\Delta l = \alpha_1 \cdot l_1 \cdot \Delta t \qquad l_1 = \frac{\Delta l}{\alpha_1 \cdot \Delta t} \qquad \Delta t = \frac{\Delta l}{\alpha_1 \cdot l_1}$$

$$\Delta t = t_2 - t_1 \qquad t_2 = \Delta t + t_1 \qquad t_1 = t_2 - \Delta t$$

Berücksichtigung der absoluten Temperatur in Kelvin:

$$\Delta l = \alpha_l \cdot l_1 \cdot \Delta T \qquad l_1 = \frac{\Delta l}{\alpha_l \cdot \Delta T} \qquad \Delta T = \frac{\Delta l}{\alpha_l \cdot l_1}$$

$$\Delta T = T_2 - T_1 \qquad T_2 = \Delta T + T_1 \qquad T_1 = T_2 - \Delta T$$

Gesamtlänge:

$$l = l_1 + \Delta l \qquad l_1 = l - \Delta l \qquad \Delta l = l - l_1$$

Zeichen	Bedeutung	Einheit
α_l	Längenausdehnungskoeffizient	1/K; 1/°C
l_1	Ursprüngliche Länge	mm
Δl	Längenänderung	mm
l	Gesamtlänge	mm
T_1	Temperatur (in Kelvin) vor der Temperaturveränderung	K
T_2	Temperatur (in Kelvin) nach der Temperaturveränderung	K
t_1	Temperatur (in °Celsius) vor der Temperaturveränderung	°C
t_2	Temperatur (in °Celsius) nach der Temperaturveränderung	°C
Δt	Temperaturdifferenz (in °Celsius)	°C
ΔT	Temperaturdifferenz (in Kelvin)	K

6.3 Volumenänderung
(durch Erwärmung)

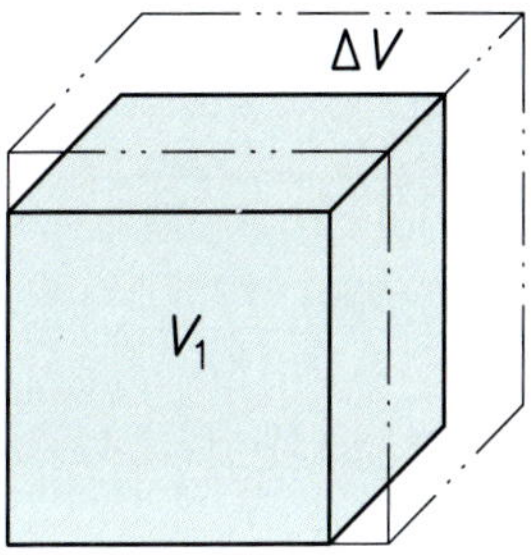

Berücksichtigung der relativen Temperatur in °Celsius:

$\Delta V = \alpha_V \cdot V_1 \cdot \Delta t$ $\quad V_1 = \frac{\Delta V}{\alpha_V \cdot \Delta t}$ $\quad \Delta t = \frac{\Delta V}{\alpha_V \cdot V_1}$

$\Delta t = t_2 - t_1$ $\quad t_2 = \Delta t + t_1$ $\quad t_1 = t_2 - \Delta t$

Berücksichtigung der absoluten Temperatur in Kelvin:

$\Delta V = \alpha_V \cdot V_1 \cdot \Delta T$ $\quad V_1 = \frac{\Delta V}{\alpha_V \cdot \Delta T}$ $\quad \Delta T = \frac{\Delta V}{\alpha_V \cdot V_1}$

$\Delta T = T_2 - T_1$ $\quad T_2 = \Delta T + T_1$ $\quad T_1 = T_2 - \Delta T$

Gesamtvolumen:

$V = V_1 + \Delta V$ $\quad V_1 = V - \Delta V$ $\quad \Delta V = V - V_1$

Zeichen	Bedeutung	Einheit
α_V	Volumenausdehnungskoeffizient	1/K; 1/°C
V_1	Ursprüngliches Volumen	mm³
ΔV	Volumenänderung	mm³
V	Gesamtvolumen	mm³
Δt	Temperaturdifferenz	°C
t_1	Temperatur vor der Veränderung (Zustand 1)	°C
t_2	Temperatur nach der Veränderung (Zustand 2)	°C
ΔT	Temperaturdifferenz	K
T_1	Temperatur vor der Veränderung (Zustand 1)	K
T_2	Temperatur nach der Veränderung (Zustand 2)	K

6.4 Zustandsänderung von Gasen

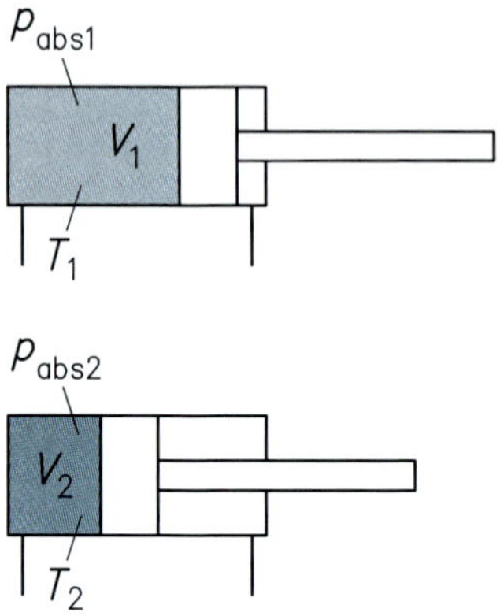

allgemeine Gasgleichung:
(im geschlossenen System)

$$\frac{p \cdot V}{T} = \text{konstant} \qquad \frac{p_{abs1} \cdot V_1}{T_1} = \frac{p_{abs2} \cdot V_2}{T_2}$$

$$p_{abs1} = \frac{p_{abs2} \cdot V_2 \cdot T_1}{T_2 \cdot V_1} \qquad p_{abs2} = \frac{p_{abs1} \cdot V_1 \cdot T_2}{T_1 \cdot V_2}$$

$$T_1 = \frac{p_{abs1} \cdot V_1 \cdot T_2}{p_{abs2} \cdot V_2} \qquad T_2 = \frac{p_{abs2} \cdot V_2 \cdot T_1}{p_{abs1} \cdot V_1}$$

$$V_1 = \frac{p_{abs2} \cdot V_2 \cdot T_1}{p_{abs1} \cdot T_2} \qquad V_2 = \frac{p_{abs1} \cdot V_1 \cdot T_2}{p_{abs2} \cdot T_1}$$

Sonderfälle:
bei konstantem Druck ($p_1 = p_2$):

$$\frac{V_1}{V_2} = \frac{T_1}{T_2} \qquad V_1 = \frac{T_1 \cdot V_2}{T_2} \qquad T_1 = \frac{V_1 \cdot T_2}{V_2}$$

$$V_2 = \frac{V_1 \cdot T_2}{T_1} \qquad T_2 = \frac{T_1 \cdot V_2}{V_1}$$

bei konstantem Volumen ($V_1 = V_2$):

$$\frac{p_{abs1}}{p_{abs2}} = \frac{T_1}{T_2} \qquad p_{abs1} = \frac{p_{abs2} \cdot T_1}{T_2} \qquad T_1 = \frac{p_{abs1} \cdot T_2}{p_{abs2}}$$

$$p_{abs2} = \frac{p_{abs1} \cdot T_2}{T_1} \qquad T_2 = \frac{p_{abs2} \cdot T_1}{p_{abs1}}$$

bei konstanter Temperatur ($T_1 = T_2$):

$$\frac{p_{abs1}}{p_{abs2}} = \frac{V_2}{V_1} \qquad p_{abs1} = \frac{p_{abs2} \cdot V_2}{V_1} \qquad V_1 = \frac{p_{abs2} \cdot V_2}{p_{abs1}}$$

$$p_{abs2} = \frac{p_{abs1} \cdot V_1}{V_2} \qquad V_2 = \frac{p_{abs1} \cdot V_1}{p_{abs2}}$$

Drücke

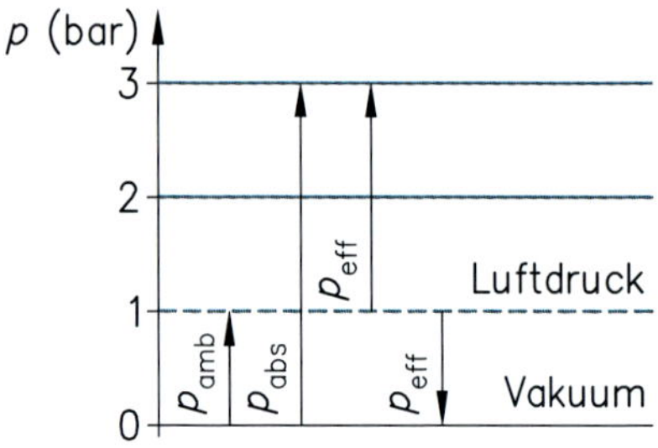

$$p_{abs} = p_{amb} + p_{eff}$$

$$p_{eff} = p_{abs} - p_{amb}$$
$$p_{eff} = p_{amb} - p_{abs}$$

Einheitenumformung:

$$1\ \text{bar} = 0{,}1\ \frac{\text{N}}{\text{mm}^2} = 10\ \frac{\text{N}}{\text{cm}^2} = 1\,000\ \frac{\text{N}}{\text{dm}^2}$$

Zeichen	Bedeutung	Einheit
V_1	Volumen vor der Veränderung (Zustand 1)	dm^3
V_2	Volumen nach der Veränderung (Zustand 2)	dm^3
T_1	Temperatur vor der Veränderung (Zustand 1)	K
T_2	Temperatur nach der Veränderung (Zustand 2)	K
p_{abs1}	Absoluter Druck vor der Veränderung (Zustand 1)	bar
p_{abs2}	Absoluter Druck nach der Veränderung (Zustand 2)	bar
p_{amb}	Umgebungsdruck, Luftdruck (≈ 1 bar)	bar
p_{eff}	Effektiver Druck als Über- oder Unterdruck	bar
p	Druck	bar
V	Volumen	dm^3
T	Temperatur	K

6.5 Wärmemenge
(Wärmeenergie)

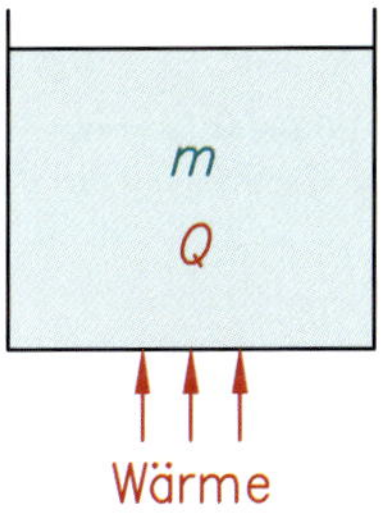

Berücksichtigung der relativen Temperatur in °Celsius:

$Q = c \cdot m \cdot \Delta t$ $\qquad \Delta t = \frac{Q}{c \cdot m}$ $\qquad m = \frac{Q}{c \cdot \Delta t}$

Berücksichtigung der absoluten Temperatur in Kelvin:

$Q = c \cdot m \cdot \Delta T$ $\qquad \Delta T = \frac{Q}{c \cdot m}$ $\qquad m = \frac{Q}{c \cdot \Delta T}$

Einheitenumformung:
1 J = 1 Ws = 1 Nm

Zeichen	Bedeutung	Einheit
Q	Wärmemenge; Wärmeenergie	kJ
m	Masse	kg
c	Spezifische Wärmekapazität	kJ/kg · K
Δt	Temperaturdifferenz, die mit der Wärmemenge Q erzeugt wird.	°C
t_1	Temperatur vor der Veränderung (Zustand 1)	°C
t_2	Temperatur nach der Veränderung (Zustand 2)	°C
ΔT	Temperaturdifferenz, die mit der Wärmemenge Q erzeugt wird.	K
T_1	Temperatur vor der Veränderung (Zustand 1)	K
T_2	Temperatur nach der Veränderung (Zustand 2)	K

6.6 Schmelzwärme

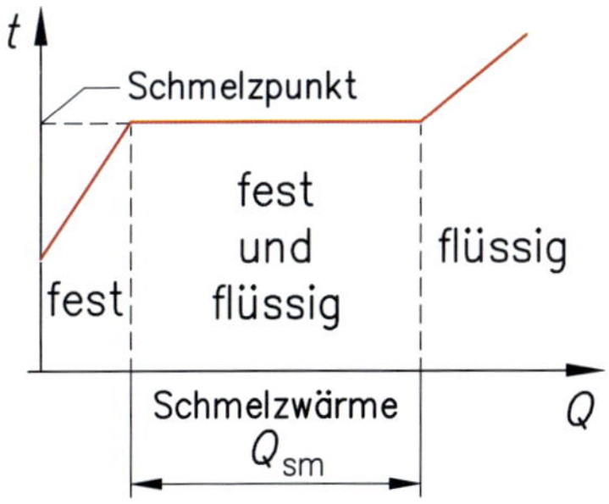

$Q_{sm} = q \cdot m$ $\qquad q = \frac{Q_{sm}}{m}$ $\qquad m = \frac{Q_{sm}}{q}$

Zeichen	Bedeutung	Einheit
Q_{sm}	Wärmemenge, die für das Schmelzen eines Stoffes erforderlich ist	kJ
m	Masse	kg
q	Spezifische Schmelzwärme	kJ/kg

7 Toleranzen und Passungen

tolerances and fits

7.1 Toleranzen

Wellen (gilt auch für Längenausdehnungen)

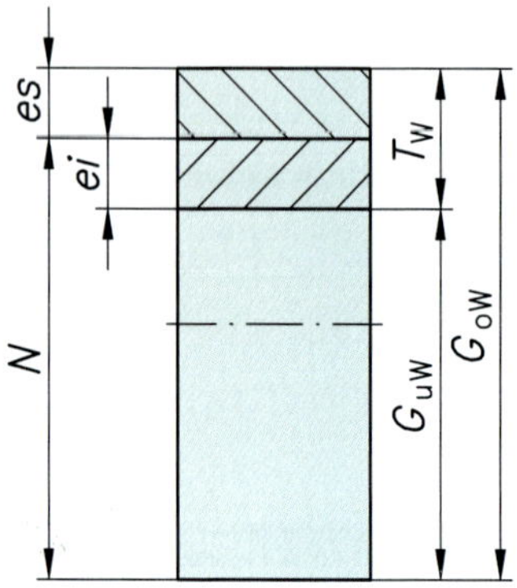

Höchstmaß:

$$G_{oW} = N + es \qquad N = G_{oW} - es \qquad es = G_{oW} - N$$

Mindestmaß:

$$G_{uW} = N + ei \qquad N = G_{uW} - ei \qquad ei = G_{uW} - N$$

Toleranz:

$$T_W = es - ei \qquad es = T_W + ei \qquad ei = es - T_W$$

$$T_W = G_{oW} - G_{uW} \qquad G_{oW} = G_{uW} + T_W$$

$$G_{uW} = G_{oW} - T_W$$

Bohrungen

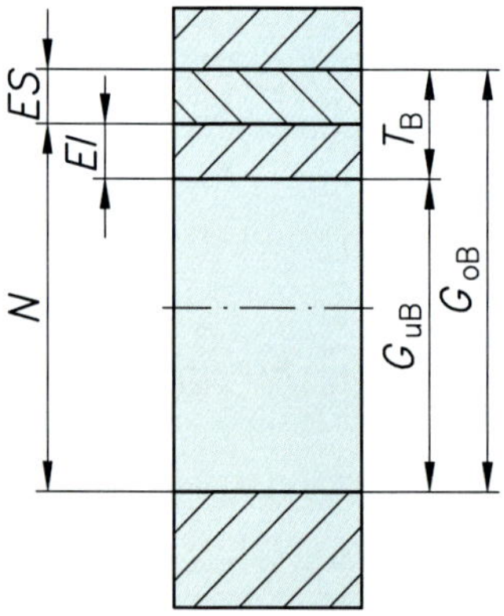

Höchstmaß:

$$G_{oB} = N + ES \qquad N = G_{oB} - ES \qquad ES = G_{oB} - N$$

Mindestmaß:

$$G_{uB} = N + EI \qquad N = G_{uB} - EI \qquad EI = G_{uB} - N$$

Toleranz:

$$T_B = ES - EI \qquad ES = T_B + EI \qquad EI = ES - T_B$$

$$T_B = G_{oB} - G_{uB} \qquad G_{oB} = G_{uB} + T_B$$

$$G_{uB} = G_{oB} - T_B$$

7 Toleranzen und Passungen

tolerances and fits

Zeichen	Bedeutung	Einheit
N	Nennmaß	mm
G_{uW}	Mindestmaß Welle (unteres Grenzmaß)	mm
G_{oW}	Höchstmaß Welle (oberes Grenzmaß)	mm
G_{uB}	Mindestmaß Bohrung (unteres Grenzmaß)	mm
G_{oB}	Höchstmaß Bohrung (oberes Grenzmaß)	mm
EI	Unteres Abmaß Bohrung	mm
ES	Oberes Abmaß Bohrung	mm
ei	Unteres Abmaß Welle	mm
es	Oberes Abmaß Welle	mm
T_W	Toleranz Welle	mm
T_B	Toleranz Bohrung	mm

7.2 Passungen

Spielpassung

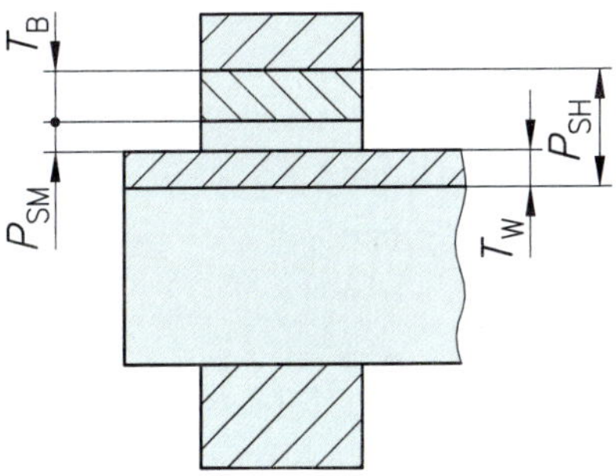

Höchstspiel:

$P_{SH} = G_{oB} - G_{uW}$ $\quad G_{oB} = P_{SH} + G_{uW}$ $\quad G_{uW} = G_{oB} - P_{SH}$

$P_{SH} = ES - ei$ $\quad ES = P_{SH} + ei$ $\quad ei = ES - P_{SH}$

Mindestspiel:

$P_{SM} = G_{uB} - G_{oW}$ $\quad G_{uB} = P_{SM} + G_{oW}$ $\quad G_{oW} = G_{uB} - P_{SM}$

$P_{SM} = EI - es$ $\quad EI = P_{SM} + es$ $\quad es = EI - P_{SM}$

Übergangspassung

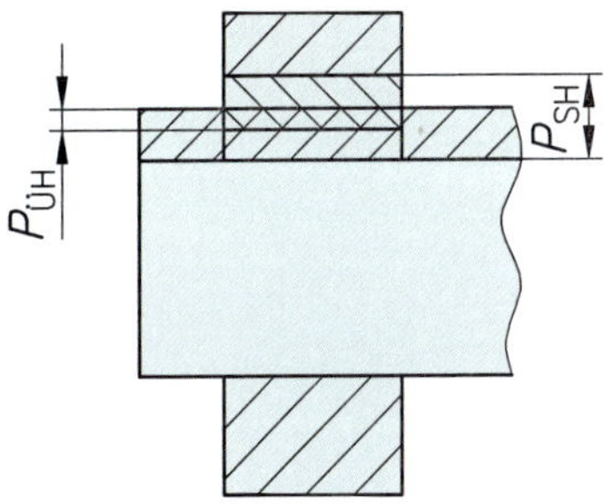

Höchstspiel:

$P_{SH} = G_{oB} - G_{uW}$ $\quad G_{oB} = P_{SH} + G_{uW}$ $\quad G_{uW} = G_{oB} - P_{SH}$

$P_{SH} = ES - ei$ $\quad ES = P_{SH} + ei$ $\quad ei = ES - P_{SH}$

Höchstübermaß:

$P_{ÜH} = G_{uB} - G_{oW}$ $\quad G_{uB} = P_{ÜH} + G_{oW}$ $\quad G_{oW} = G_{uB} - P_{ÜH}$

$P_{ÜH} = EI - es$ $\quad EI = P_{SM} + es$ $\quad es = EI - P_{SM}$

Übermaßpassung

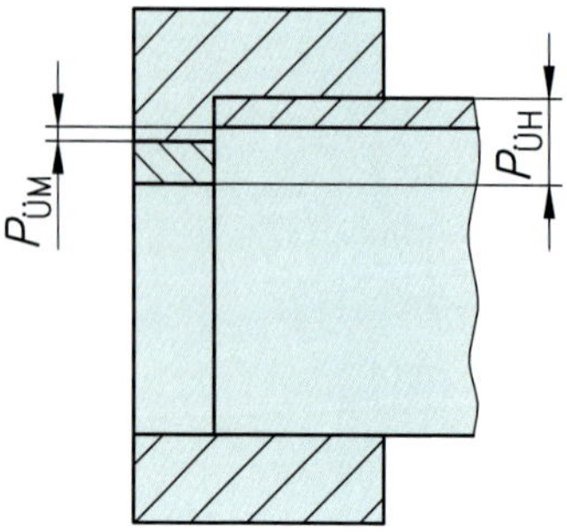

Höchstübermaß:

$$P_{ÜH} = G_{uB} - G_{oW} \qquad G_{uB} = P_{ÜH} + G_{oW} \qquad G_{oW} = G_{uB} - P_{ÜH}$$

$$P_{ÜH} = EI - es \qquad EI = P_{SM} + es \qquad es = EI - P_{SM}$$

Mindestübermaß:

$$P_{ÜM} = G_{oB} - G_{uW} \qquad G_{oB} = P_{ÜM} + G_{uW} \qquad G_{uW} = G_{oB} - P_{ÜM}$$

$$P_{ÜM} = ES - ei \qquad ES = P_{ÜM} + ei \qquad ei = ES - P_{ÜM}$$

Zeichen	Bedeutung	Einheit
P_{SM}	Mindestspiel	mm
P_{SH}	Höchstspiel	mm
$P_{ÜM}$	Mindestübermaß	mm
$P_{ÜH}$	Höchstübermaß	mm
G_{uB}	Mindestmaß Bohrung (unteres Grenzmaß)	mm
G_{oB}	Höchstmaß Bohrung (oberes Grenzmaß)	mm
G_{uW}	Mindestmaß Welle (unteres Grenzmaß)	mm
G_{oW}	Höchstmaß Welle (oberes Grenzmaß)	mm
ei	Unteres Abmaß Welle	mm
es	Oberes Abmaß Welle	mm
EI	Unteres Abmaß Bohrung	mm
ES	Oberes Abmaß Bohrung	mm

8 Mechanische Antriebe

mechanical drives

8.1 Riementrieb

Einfache Übersetzung

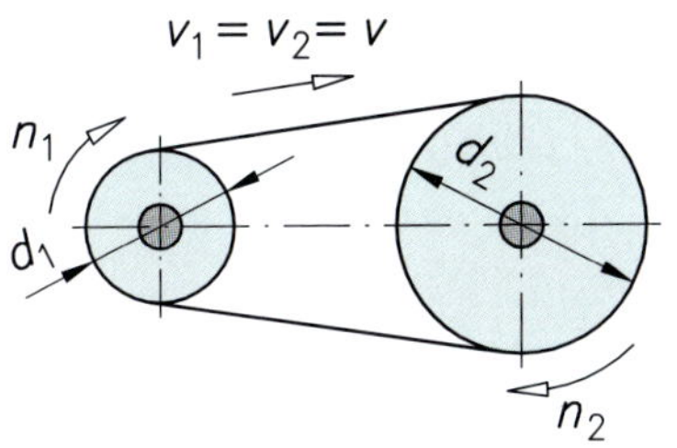

Umfangsgeschwindigkeit/Riemengeschwindigkeit:

$$v_1 = v_2 = v \qquad v_1 = d_1 \cdot \pi \cdot n_1 \qquad v_2 = d_2 \cdot \pi \cdot n_2$$

Grundformel:

$$d_1 \cdot n_1 = d_2 \cdot n_2 \qquad \frac{n_1}{n_2} = \frac{d_2}{d_1}$$

$$n_1 = \frac{d_2 \cdot n_2}{d_1} \qquad n_2 = \frac{d_1 \cdot n_1}{d_2} \qquad d_1 = \frac{d_2 \cdot n_2}{n_1} \qquad d_2 = \frac{d_1 \cdot n_1}{n_2}$$

Mehrfache Übersetzung

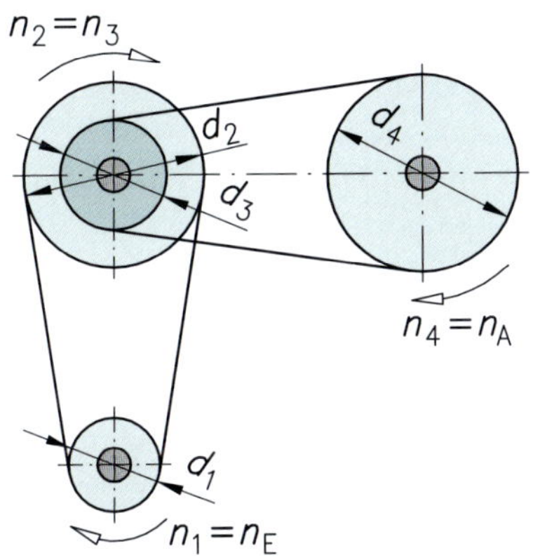

Übersetzungsverhältnis:

$$i = \frac{n_1}{n_2} \qquad n_1 = i \cdot n_2 \qquad n_2 = \frac{n_1}{i}$$

$$i = \frac{d_2}{d_1} \qquad d_1 = \frac{d_2}{i} \qquad d_2 = i \cdot d_1$$

Gesamtübersetzungsverhältnis bei mehrfacher Übersetzung:

$$i = \frac{n_1}{n_4} \qquad i = \frac{n_E}{n_A}$$

$$i = \frac{n_1 \cdot n_3 \cdot n_5 \ldots}{n_2 \cdot n_4 \cdot n_6 \ldots} \qquad i = \frac{d_2 \cdot d_4 \cdot d_6 \ldots}{d_1 \cdot d_3 \cdot d_5 \ldots} \qquad i = i_1 \cdot i_2 \cdot i_3 \ldots$$

Keilriemen

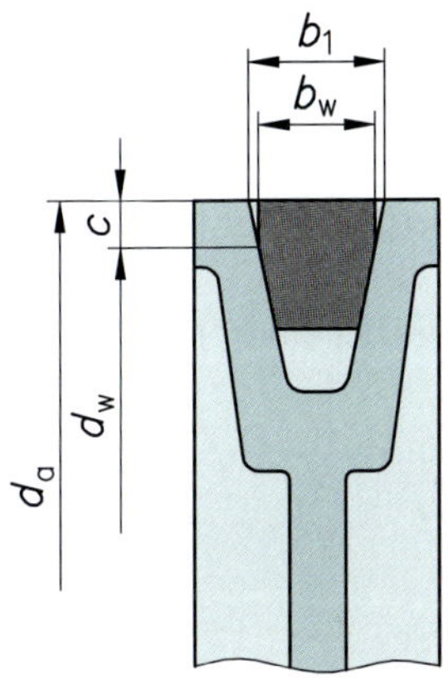

Übersetzungsverhältnis:

$$i = \frac{n_1}{n_2} \qquad n_1 = i \cdot n_2 \qquad n_2 = \frac{n_1}{i}$$

$$i = \frac{d_{w2}}{d_{w1}} \qquad d_{w1} = \frac{d_{w2}}{i} \qquad d_{w2} = i \cdot d_{w1}$$

Wirksamer Scheibendurchmesser:

$$d_w = d_a - 2 \cdot c \qquad d_a = d_w + 2 \cdot c \qquad c = \frac{d_a - d_w}{2}$$

Zeichen	Bedeutung	Einheit
v	Riemengeschwindigkeit	m/min
$v_{1,2}$	Umfangsgeschwindigkeit an den Riemenscheiben	m/min
$n_1, n_3, n_5 ...$	Drehzahl der treibenden Scheiben	1/min
$n_2, n_4, n_6 ...$	Drehzahl der getriebenen Scheiben	1/min
$d_1, d_3, d_5 ...$	Durchmesser der treibenden Scheiben	m
$d_2, d_4, d_6 ...$	Durchmesser der getriebenen Scheiben	m
n_E	Eingangsdrehzahl	1/min
n_A	Ausgangsdrehzahl	1/min
i	Übersetzungsverhältnis	–
$i_1, i_2, i_3 ...$	Einzelübersetzungsverhältnisse	–
d_{w1}	Wirksamer Scheibendurchmesser treibende Scheibe	mm
d_{w2}	Wirksamer Scheibendurchmesser getriebene Scheibe	mm
d_a	Außendurchmesser der Scheibe	mm
b_l	Obere Rillenbreite	mm
b_w	Wirkbreite	mm
c	Abstand zwischen Außen- und Wirkdurchmesser	mm

8.2 Zahnradtrieb

Einfache Übersetzung

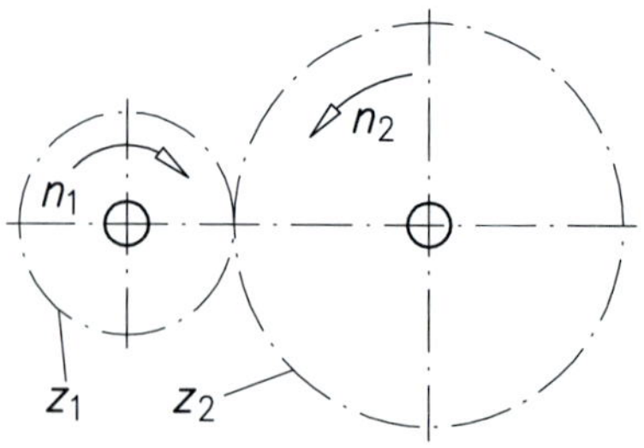

Grundformel:

$$z_1 \cdot n_1 = z_2 \cdot n_2 \qquad \frac{n_1}{n_2} = \frac{z_2}{z_1}$$

$$n_1 = \frac{z_2 \cdot n_2}{z_1} \qquad n_2 = \frac{z_1 \cdot n_1}{z_2} \qquad z_1 = \frac{z_2 \cdot n_2}{n_1} \qquad z_2 = \frac{z_1 \cdot n_1}{n_2}$$

Übersetzungsverhältnis:

$$i = \frac{n_1}{n_2} \qquad n_1 = i \cdot n_2 \qquad n_2 = \frac{n_1}{i}$$

$$i = \frac{z_2}{z_1} \qquad z_1 = \frac{z_2}{i} \qquad z_2 = i \cdot z_1$$

Mehrfache Übersetzung

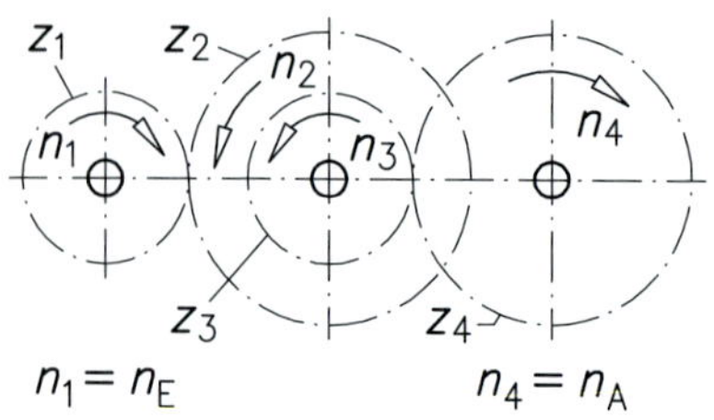

Gesamtübersetzungsverhältnis bei mehrfacher Übersetzung:

$$i = \frac{n_1}{n_4} \qquad i = \frac{n_E}{n_A}$$

$$i = \frac{n_1 \cdot n_3 \cdot n_5 ...}{n_2 \cdot n_4 \cdot n_6 ...} \qquad i = \frac{z_2 \cdot z_4 \cdot z_6 ...}{z_1 \cdot z_3 \cdot z_5 ...} \qquad i = i_1 \cdot i_2 \cdot i_3 ...$$

8 Mechanische Antriebe
mechanical drives

Zeichen	Bedeutung	Einheit
$n_1, n_3, n_5 \dots$	Drehzahl der treibenden Zahnräder	1/min
$n_2, n_4, n_6 \dots$	Drehzahl der getriebenen Zahnräder	1/min
$z_1, z_3, z_5 \dots$	Zähnezahl der treibenden Zahnräder	–
$z_2, z_4, z_6 \dots$	Zähnezahl der getriebenen Zahnräder	–
n_E	Eingangsdrehzahl	1/min
n_A	Ausgangsdrehzahl	1/min
i	Übersetzungsverhältnis	–
$i_1, i_2, i_3 \dots$	Einzelübersetzungsverhältnisse	–

8.3 Schneckentrieb

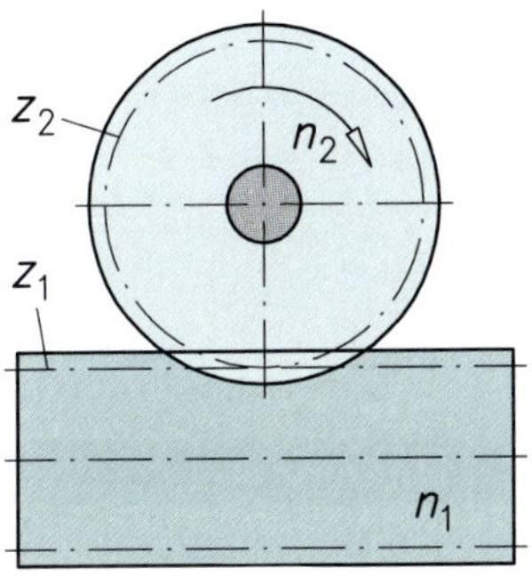

Grundformel:

$$z_1 \cdot n_1 = z_2 \cdot n_2 \qquad \frac{n_1}{n_2} = \frac{z_2}{z_1}$$

$$n_1 = \frac{z_2 \cdot n_2}{z_1}$$

$$n_2 = \frac{z_1 \cdot n_1}{z_2}$$

$$z_1 = \frac{z_2 \cdot n_2}{n_1}$$

$$z_2 = \frac{z_1 \cdot n_1}{n_2}$$

Übersetzungsverhältnis:

$$i = \frac{n_1}{n_2} \qquad i = \frac{z_2}{z_1}$$

Zeichen	Bedeutung	Einheit
i	Übersetzungsverhältnis	–
n_1	Drehzahl der Schnecke (treibend)	1/min
n_2	Drehzahl des Schneckenrades (getrieben)	1/min
z_1	Zähnezahl der Schnecke (= Gangzahl)	–
z_2	Zähnezahl des Schneckenrades	–

8.4 Zahnstangentrieb

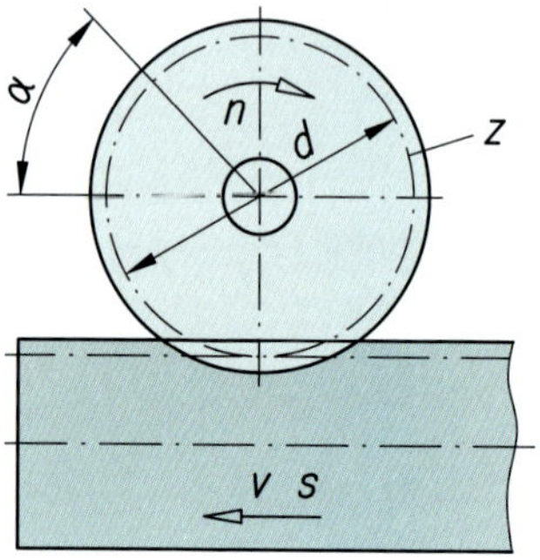

Geschwindigkeit der Zahnstange:

$$v = \cdot m \cdot z \cdot \pi \cdot n$$

$$n = \frac{v}{m \cdot z \cdot \pi}$$

$$z = \frac{v}{n \cdot m \cdot \pi}$$

Verschiebeweg der Zahnstange bei einer vollen Umdrehung:

$$s = d \cdot \pi$$

$$d = \frac{s}{\pi}$$

$$s = m \cdot z \cdot \pi$$

Verschiebeweg der Zahnstange in Abhängigkeit vom Drehwinkel (α):

$$s = \frac{m \cdot z \cdot \pi \cdot \alpha}{360°}$$

$$\alpha = \frac{s \cdot 360°}{m \cdot z \cdot \pi}$$

$$m = \frac{s \cdot 360°}{z \cdot \pi \cdot \alpha}$$

$$z = \frac{s \cdot 360°}{m \cdot \pi \cdot \alpha}$$

Zeichen	Bedeutung	Einheit
n	Drehzahl des Zahnrades	1/min
d	Teilkreisdurchmesser des Zahnrades	mm
m	Modul	–
z	Zähnezahl des Zahnrades	–
v	Geschwindigkeit der Zahnstange	mm/min
s	Verschiebeweg der Zahnstange	mm
α	Drehwinkel	° (Grad)

8.5 Übersetzungen und Drehmomente

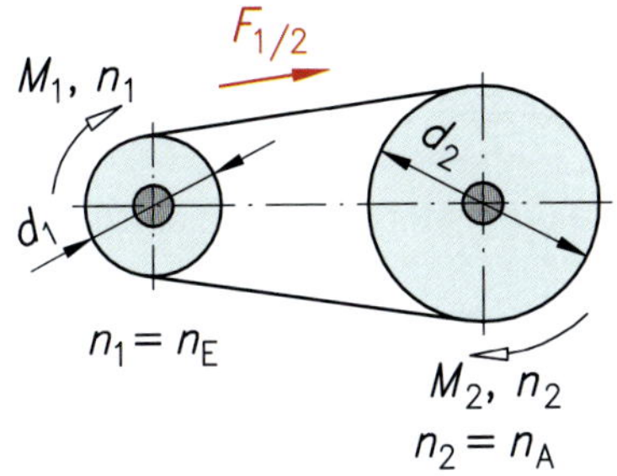

Drehmoment:

$$M_1 = \frac{F_1 \cdot d_1}{2} \qquad F_1 = \frac{M_1 \cdot 2}{d_1} \qquad d_1 = \frac{M_1 \cdot 2}{F_1}$$

$$M_2 = \frac{F_2 \cdot d_2}{2} \qquad F_2 = \frac{M_2 \cdot 2}{d_2} \qquad d_2 = \frac{M_2 \cdot 2}{F_2}$$

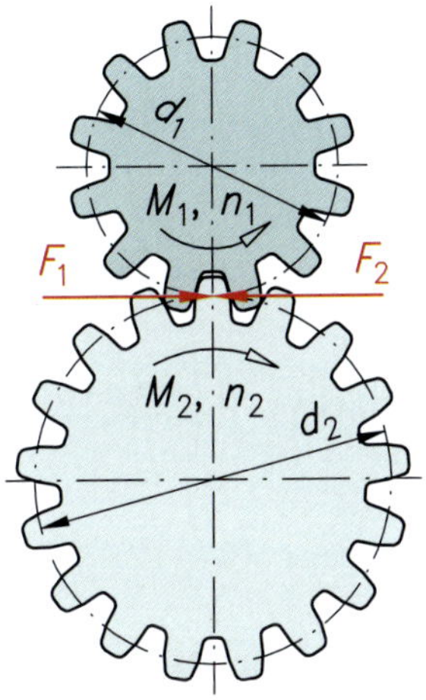

Drehmomentverhältnisse:

$$\frac{M_2}{M_1} = \frac{z_2}{z_1} \qquad M_1 = \frac{M_2 \cdot z_1}{z_2} \qquad M_2 = \frac{M_1 \cdot z_2}{z_1}$$

$$\frac{M_2}{M_1} = \frac{n_1}{n_2} \qquad M_1 = \frac{M_2 \cdot n_2}{n_1} \qquad M_2 = \frac{M_1 \cdot n_1}{n_2}$$

Übersetzungsverhältnis und Drehmomente:

$$i = \frac{M_2}{M_1} \qquad M_1 = \frac{M_2}{i} \qquad M_2 = i \cdot M_1$$

Zeichen	Bedeutung	Einheit
F_1	Zahnkraft treibendes Rad, Riemenkraft	N
F_2	Zahnkraft getriebenes Rad, Riemenkraft	N
M_1	Drehmoment treibendes Rad	Nm
M_2	Drehmoment getriebenes Rad	Nm
d_1	Scheiben-/Teilkreisdurchmesser treibendes Rad	m
d_2	Scheiben-/Teilkreisdurchmesser getriebenes Rad	m
$z_1, z_3, z_5 \ldots$	Zähnezahl der treibenden Scheiben	–
$z_2, z_4, z_6 \ldots$	Zähnezahl der getriebenen Scheiben	–
$n_1, n_3, n_5 \ldots$	Drehzahl der treibenden Zahnräder	1/min
$n_2, n_4, n_6 \ldots$	Drehzahl der getriebenen Zahnräder	1/min
n_E	Eingangsdrehzahl	1/min
n_A	Ausgangsdrehzahl	1/min
i	Übersetzungsverhältnis	–
$i_1, i_2, i_3 \ldots$	Einzelübersetzungsverhältnisse	–

8.6 Zahnradgrößen bei Geradverzahnung

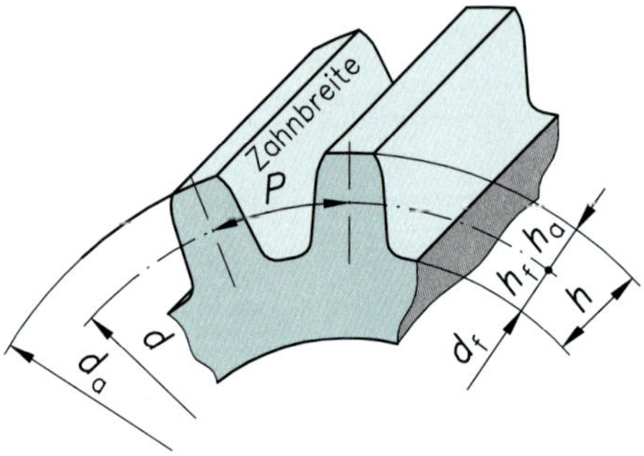

Grundformel:

$$d \cdot \pi = p \cdot z \qquad d = \frac{p \cdot z}{\pi} \qquad z = \frac{d \cdot \pi}{p} \qquad p = \frac{d \cdot \pi}{z}$$

Teilkreisdurchmesser, Teilung, Modul, Zähnezahl:

$$m = \frac{p}{\pi} \qquad p = m \cdot \pi$$

$$z = \frac{d}{m} \qquad d = m \cdot z \qquad m = \frac{d}{z}$$

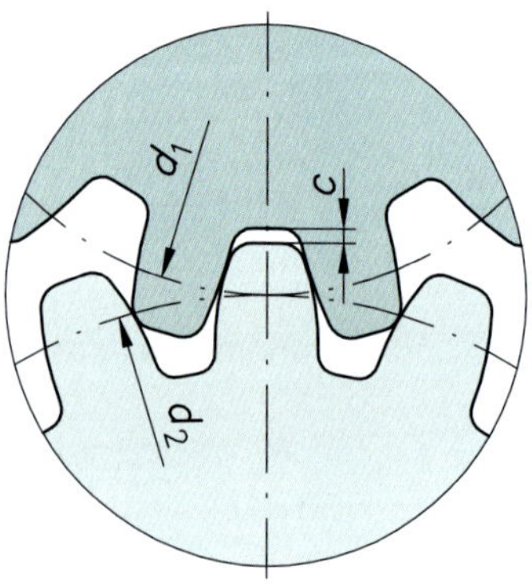

Kopfkreisdurchmesser:

$$d_a = d + 2 \cdot m \qquad d = d_a - 2 \cdot m \qquad m = \frac{d_a - d}{2}$$

$$d_a = m(z + 2) \qquad m = \frac{d_a}{(z + 2)} \qquad z = \frac{d_a}{m} - 2$$

Fußkreisdurchmesser:

$$d_f = d - 2(m + c) \qquad d = d_f + 2(m + c) \qquad m = \frac{(d - d_f)}{2} - c$$

$$c = 0{,}1 \cdot m \ldots 0{,}3 \cdot m$$

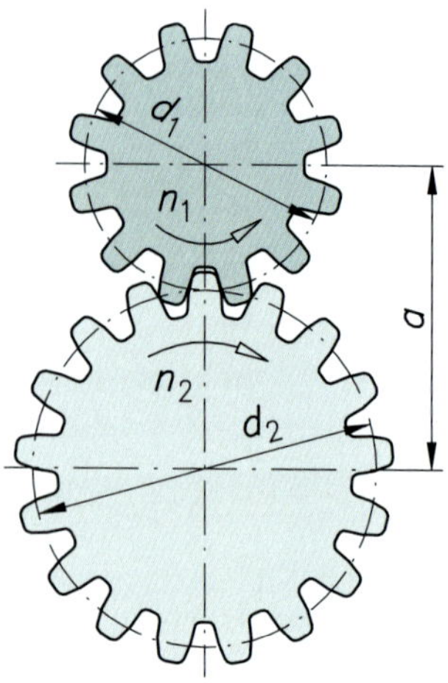

Zahnkopfhöhe:

$$h_a = m$$

Zahnfußhöhe:

$$h_f = m + c \qquad m = h_f - c \qquad c = h_f - m$$

Zahnhöhe:

$$h = h_f + h_a \qquad h_f = h - h_a \qquad h_a = h - h_f$$

$$h = 2 \cdot m + c$$

Achsabstand:

$$a = \frac{d_1 + d_2}{2} \qquad d_1 = 2 \cdot a - d_2 \qquad d_2 = 2 \cdot a - d_1$$

$$a = \frac{m}{2} \cdot (z_1 + z_2) \qquad z_1 = \frac{2 \cdot a}{m} - z_2 \qquad z_2 = \frac{2 \cdot a}{m} - z_1$$

Zeichen	Bedeutung	Einheit
d	Teilkreisdurchmesser	mm
d_a	Kopfkreisdurchmesser	mm
d_f	Fußkreisdurchmesser	mm
m	Modul	mm
z	Zähnezahl	–
p	Teilung	mm
h	Zahnhöhe	mm
h_a	Zahnkopfhöhe	mm
h_f	Zahnfußhöhe	mm
c	Kopfspiel	mm
a	Achsabstand	mm

8.7 Stirnräder mit Schrägverzahnung

Die Grafik zeigt zwei Betrachtungsrichtungen auf die Schrägverzahnung. Die Linie S-S verläuft senkrecht zur Radachse, die Linie N-N senkrecht zu den Flankenlinien der Zähne. Aus der Betrachtungsrichtung N-N gesehen, erscheint das Normalprofil mit der Normalteilung p_n. Aus der Betrachtungsrichtung S-S erscheint (in Schnittdarstellung) der Stirnschnitt mit der Stirnteilung p_t. Die Abmessungen für die Teilungen ergeben sich aus den Winkelverhältnissen durch den einschließenden Winkel β (siehe Grafik Einzelheit X auf der nächsten Seite).

Die Berechnung der Zahnradabmessungen Zahnhöhe, Zahnfußhöhe, Zahnkopfhöhe, Fußkreisdurchmesser, Kopfkreisdurchmesser und Kopfspiel erfolgt wie bei den geradverzahnten Stirnrädern. Dabei wird anstelle des Moduls m das Normalmodul m_n in die Formeln eingesetzt.

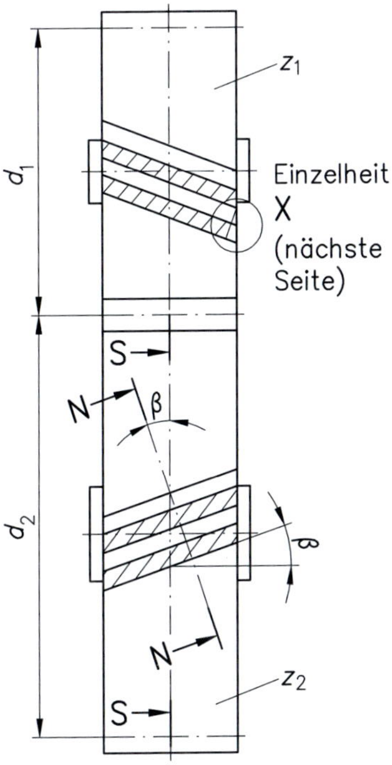

Stirnteilung:

$$p_t = \frac{p_n}{\cos\beta} \qquad p_n = p_t \cdot \cos\beta$$

$$p_t = \frac{m_n \cdot \pi}{\cos\beta} \qquad m_n = \frac{p_t \cdot \cos\beta}{\pi}$$

Stirnmodul:

$$m_t = \frac{p_t}{\pi} \qquad p_t = m_t \cdot \pi$$

$$m_t = \frac{m_n}{\cos\beta} \qquad m_n = m_t \cdot \cos\beta$$

Teilkreisdurchmesser:

$$d = m_t \cdot z \qquad z = \frac{d}{m_t} \qquad m_t = \frac{d}{z}$$

$$d = \frac{m_n \cdot z}{\cos\beta} \qquad m_n = \frac{d \cdot \cos\beta}{z} \qquad z = \frac{d \cdot \cos\beta}{m_n}$$

Einzelheit X

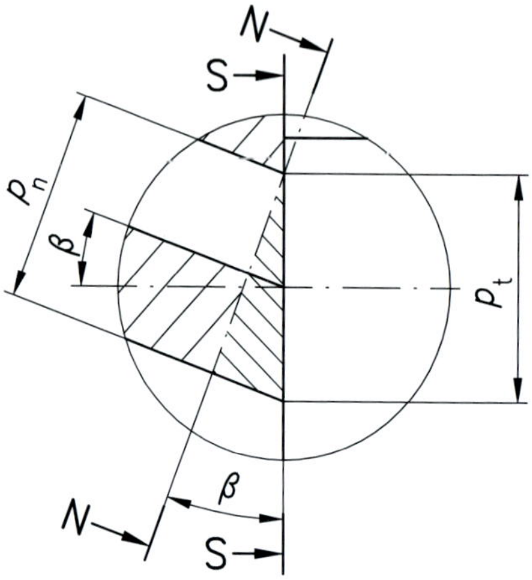

Zähnezahl:

$$z = \frac{d}{m_t} \qquad d = z \cdot m_t \qquad m_t = \frac{d}{z}$$

$$z = \frac{d \cdot \pi}{p_t} \qquad d = \frac{z \cdot p_t}{\pi} \qquad p_t = \frac{d \cdot \pi}{z}$$

Normalmodul:

$$m_n = \frac{p_n}{\pi} \qquad p_n = m_n \cdot \pi$$

$$m_n = m_t \cdot \cos\beta \qquad m_t = \frac{m_n}{\cos\beta}$$

Normalteilung:

$$p_n = m_n \cdot \pi \qquad m_n = \frac{p_n}{\pi}$$

$$p_n = p_t \cdot \cos\beta \qquad p_t = \frac{p_n}{\cos\beta}$$

Achsabstand:

$$a = \frac{d_1 + d_2}{2} \qquad d_1 = 2 \cdot a - d_2 \qquad d_2 = 2 \cdot a - d_1$$

$$a = \frac{m_t}{2} \cdot (z_1 + z_2) \qquad m_t = \frac{2 \cdot a}{(z_1 + z_2)}$$

$$z_1 = \frac{2 \cdot a}{m_t} - z_2 \qquad z_2 = \frac{2 \cdot a}{m_t} - z_1$$

Zeichen	Bedeutung	Einheit
p_n	Normalteilung	mm
P_t	Stirnteilung	mm
β	Schrägungswinkel	° (Grad)
m_n	Normalmodul	mm
m_t	Stirnmodul	mm
d_1, d_2 ...	Teilkreisdurchmesser	mm
z_1, z_2 ...	Zähnezahl	–
a	Achsabstand	mm

8.8 Hauptnutzungszeit

Bohren

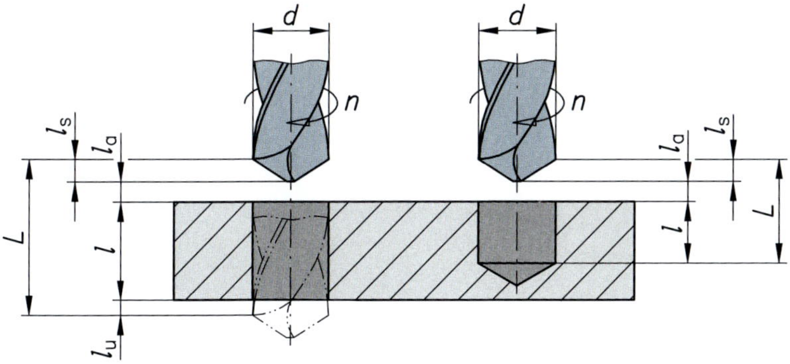

Hauptnutzungszeit:

$$t_h = \frac{L \cdot i}{n \cdot f} \qquad L = \frac{t_h \cdot n \cdot f}{i} \qquad f = \frac{L \cdot i}{t_h \cdot n} \qquad n = \frac{L \cdot i}{t_h \cdot f} \qquad i = \frac{t_h \cdot n \cdot f}{L}$$

Drehzahl:

$$n = \frac{v_c}{\pi \cdot d} \qquad v_c = d \cdot \pi \cdot n \qquad d = \frac{v_c}{\pi \cdot n}$$

Vorschubweg:

$$L = l + l_s + l_a + l_u$$

Vorschubgeschwindigkeit:

$$v_f = f \cdot n \qquad f = \frac{v_f}{n} \qquad n = \frac{v_f}{f}$$

Anschnitt:

$$l_s = \frac{d}{2 \cdot \tan \frac{\alpha}{2}}$$

Hinweis: Der Bohrerspitzenwinkel (α) ist vom verwendeten Bohrertyp abhängig.

Anschnitt für Bohrertyp N:

$$l_s \approx 0{,}3 \cdot d$$

8 Mechanische Antriebe

mechanical drives

Zeichen	Bedeutung	Einheit
t_h	Hauptnutzungszeit	min
d	Werkzeugdurchmesser	m
l	Bohrungstiefe	mm
L	Vorschubweg	mm
l_a	Anlauf	mm
l_u	Überlauf	mm
l_s	Anschnitt	mm
f	Vorschub (je Umdrehung)	mm
i	Anzahl der Bohrungen	–
n	Drehzahl	1/min
v_c	Schnittgeschwindigkeit	m/min
v_f	Vorschubgeschwindigkeit	mm/min
α	Bohrerspitzenwinkel	° (Grad)

Drehen

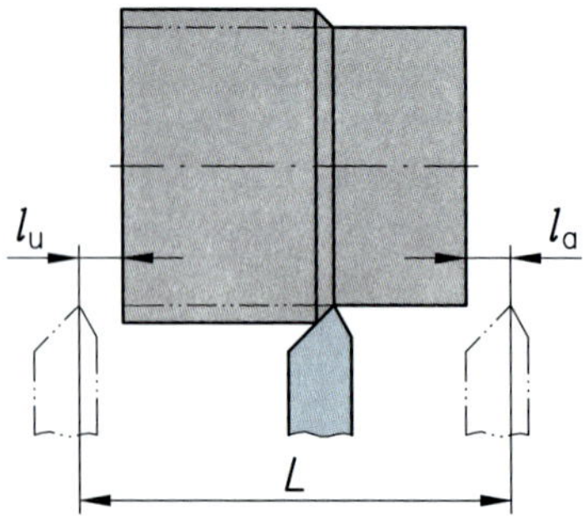

Hauptnutzungszeit:

$$t_h = \frac{L \cdot i}{n \cdot f} \qquad L = \frac{t_h \cdot n \cdot f}{i} \qquad f = \frac{L \cdot i}{t_h \cdot n} \qquad n = \frac{L \cdot i}{t_h \cdot f}$$

Drehzahl:

$$n = \frac{v_c}{\pi \cdot d} \qquad v_c = d \cdot \pi \cdot n \qquad d = \frac{v_c}{\pi \cdot n}$$

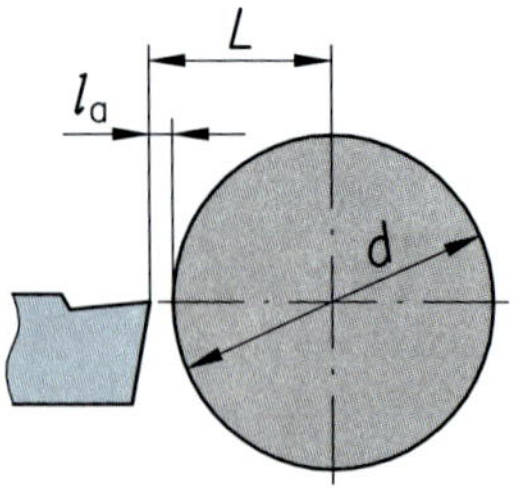

Vorschubgeschwindigkeit:

$$v_f = f \cdot n \qquad f = \frac{v_f}{n} \qquad n = \frac{v_f}{f}$$

Vorschubweg Längsdrehen:

$$L = l + l_a + l_u$$

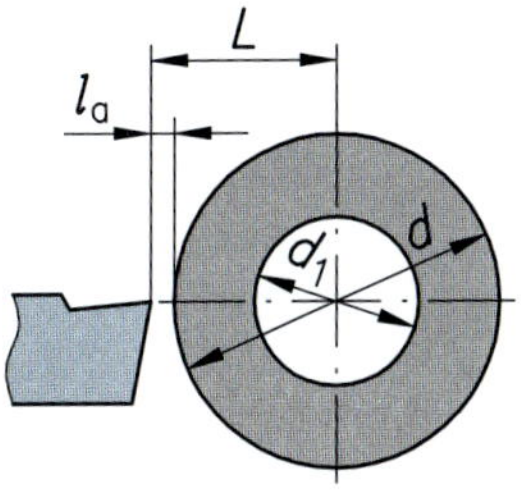

Vorschubweg Plandrehen:

$$L = l_a + \frac{d}{2}$$

Vorschubweg Plandrehen für Kreisring:

$$L = l_a + \frac{d - d_1}{2}$$

Zeichen	Bedeutung	Einheit
t_h	Hauptnutzungszeit	min
d	Werkstückaußendurchmesser	m
d_1	Werkstückinnendurchmesser	m
L	Vorschubweg	mm
l_a	Anlauf	mm
l_u	Überlauf	mm
f	Vorschub (je Umdrehung)	mm
i	Anzahl der Schnitte	–
n	Drehzahl	1/min
v_c	Schnittgeschwindigkeit	m/min
v_f	Vorschubgeschwindigkeit	mm/min

Fräsen

Hauptnutzungszeit:

$$t_h = \frac{L \cdot i}{n \cdot f} \qquad L = \frac{t_h \cdot n \cdot f}{i} \qquad f = \frac{L \cdot i}{t_h \cdot n} \qquad n = \frac{L \cdot i}{t_h \cdot f} \qquad i = \frac{t_h \cdot n \cdot f}{L}$$

Drehzahl:

$$n = \frac{v_c}{\pi \cdot d} \qquad v_c = d \cdot \pi \cdot n \qquad d = \frac{v_c}{\pi \cdot n}$$

Vorschubgeschwindigkeit:

$$v_f = f \cdot n \qquad f = \frac{v_f}{n} \qquad n = \frac{v_f}{f}$$

Vorschub je Fräserumdrehung:

$$f = f_z \cdot z$$

Walzenfräsen

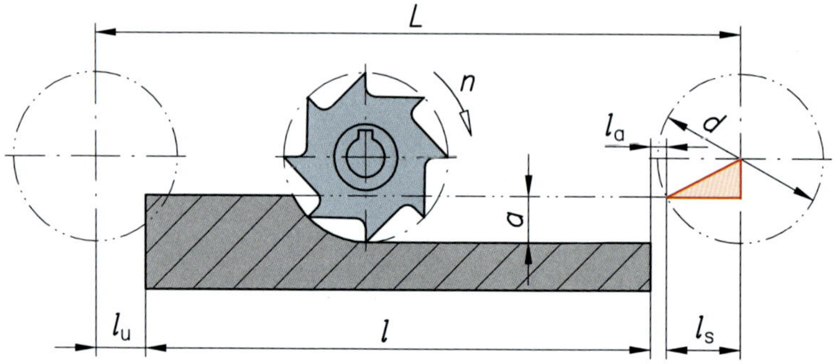

Vorschubweg Walzenfräsen (Schruppen und Schlichten):

$$L = l + l_s + l_a + l_u$$

Anschnitt beim Walzenfräsen (Schruppen und Schlichten):

$$l_s = \sqrt{d \cdot a - a^2}$$

Stirnfräsen

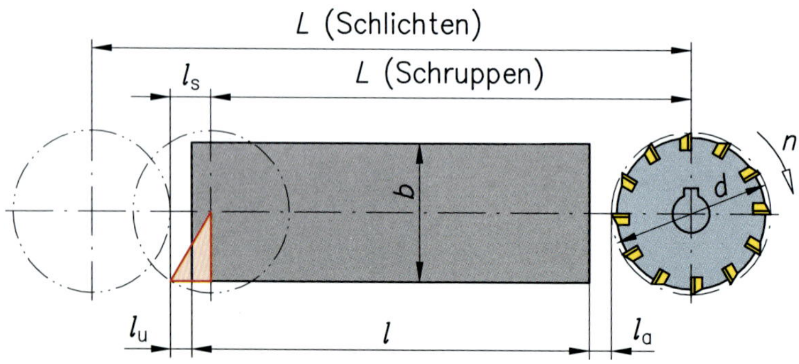

Vorschubweg beim Stirnfräsen (Schruppen):

$$L = l + \frac{d}{2} - l_s + l_a + l_u$$

Anschnitt beim Stirnfräsen (Schruppen):

$$l_s = 0{,}5 \cdot \sqrt{d^2 - b^2}$$

Vorschubweg beim Stirnfräsen (Schlichten):

$$L = l + d + l_a + l_u$$

Zeichen	Bedeutung	Einheit
t_h	Hauptnutzungszeit	min
d	Werkzeugdurchmesser	m (mm)
L	Vorschubweg	mm
l_a	Anlauf	mm
l_u	Überlauf	mm
l_s	Anschnitt	mm
f	Vorschub (je Umdrehung)	mm
f_z	Vorschub (je Fräserzahn)	mm
z	Zähnezahl des Fräsers	–
i	Anzahl der Schnitte	–
n	Drehzahl	1/min
v_f	Schnittgeschwindigkeit	m/min
v_c	Vorschubgeschwindigkeit	mm/min
a	Spannungstiefe	mm
b	Werkstückbreite	mm

9 Festigkeitsberechnung

calculation of stability

9.1 Zugbeanspruchung

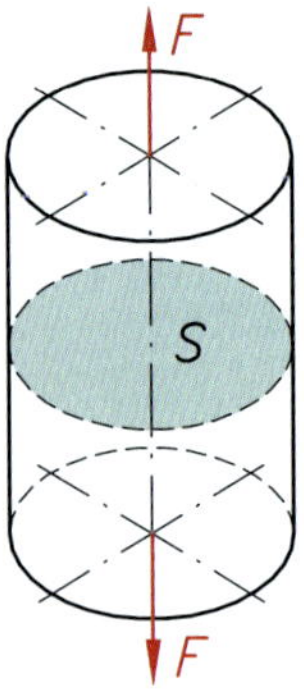

$$\sigma_z = \frac{F}{S} \qquad F = \sigma_z \cdot S \qquad S = \frac{F}{\sigma_z}$$

Bei Stahl:

$$\sigma_{z_{zul}} = \frac{R_e}{\nu} \qquad R_e = \sigma_{z_{zul}} \cdot \nu \qquad \nu = \frac{R_e}{\sigma z_{zul}}$$

Bei Gusseisen:

$$\sigma_{z_{zul}} = \frac{R_m}{\nu} \qquad R_m = \sigma_{z_{zul}} \cdot \nu \qquad \nu = \frac{R_m}{\sigma z_{zul}}$$

Dehnung:

$$\varepsilon = \frac{L - L_0}{L_0} \cdot 100\ \%$$

Zeichen	Bedeutung	Einheit
σ_z	Zugspannung	N/mm^2
$\sigma_{z_{zul}}$	Zulässige Zugspannung	N/mm^2
R_m	Zugfestigkeit	N/mm^2
R_e	Streckgrenze	N/mm^2
F	Zugkraft	N
S	Querschnittsfläche	mm^2
ν	Sicherheitszahl	–
ε	Dehnung	%
L_0	Anfangslänge	mm
L	Messlänge nach bleibender Verformung	mm

9.2 Druckbeanspruchung

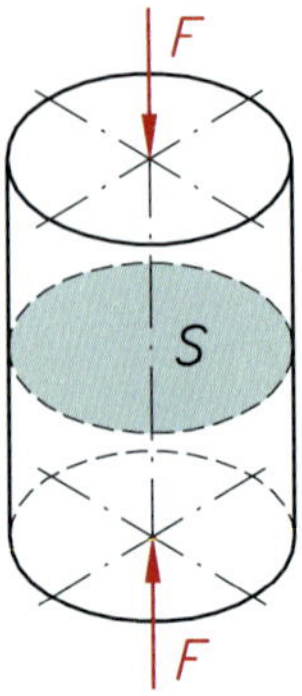

$$\sigma_d = \frac{F}{S} \qquad F = \sigma_d \cdot S \qquad S = \frac{F}{\sigma_d}$$

Bei Stahl:

$$\sigma_{d_{zul}} = \frac{\sigma_{dF}}{\nu} \qquad \sigma_{dF} = \sigma_{d_{zul}} \cdot \nu \qquad \nu = \frac{\sigma_{dF}}{\sigma d_{zul}}$$

Bei Gusseisen:

$$\sigma_{d_{zul}} = \frac{4 \cdot R_m}{\nu} \qquad R_m = \frac{\sigma d_{zul} \cdot \nu}{4} \qquad \nu = \frac{4 \cdot R_m}{\sigma d_{zul}}$$

Zeichen	Bedeutung	Einheit
σ_d	Druckspannung	N/mm²
$\sigma_{d_{zul}}$	Zulässige Druckspannung	N/mm²
σ_{dF}	Quetschgrenze	N/mm²
R_m	Zugfestigkeit	N/mm²
F	Druckkraft	N
S	Querschnittsfläche	mm²
ν	Sicherheitszahl	–

9.3 Abscherung

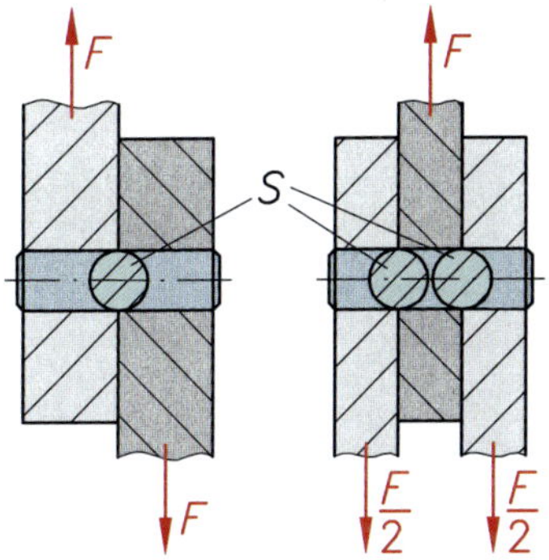

einschnittig zweischnittig

$$\tau_a = \frac{F}{S} \qquad F = \tau_a \cdot S \qquad S = \frac{F}{\tau_a}$$

$$\tau_{a_{zul}} = \frac{\tau_{aB}}{\nu} \qquad \nu = \frac{\tau_{aB}}{\tau_{a_{zul}}} \qquad \tau_{aB} = \tau_{a_{zul}} \cdot \nu$$

$$F = \tau_{a_{zul}} \cdot S \qquad \tau_{a_{zul}} = \frac{F}{S} \qquad S = \frac{F}{\tau_{a_{zul}}}$$

Bei Stahl:

$$\tau_{aB} \approx 0{,}8 \cdot R_m$$

Zeichen	Bedeutung	Einheit
τ_a	Scherspannung	N/mm²
$\tau_{a_{zul}}$	Zulässige Scherspannung	N/mm²
τ_{aB}	Scherfestigkeit	N/mm²
F	Scherkraft	N
S	Scherfläche	mm²
ν	Sicherheitszahl	–
R_m	Zugfestigkeit	N/mm²

9.4 Abscherung und Schneidkraft

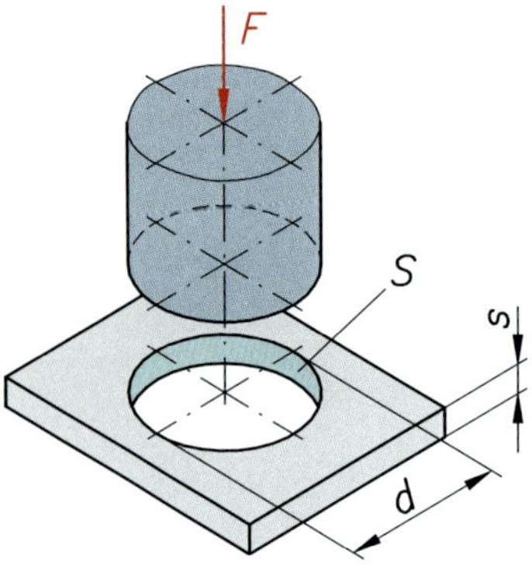

$$F = \tau_{aB_{max}} \cdot S \qquad \tau_{aB_{max}} = \frac{F}{S} \qquad S = \frac{F}{\tau_{aB_{max}}}$$

Bei Stahl:

$$\tau_{aB_{max}} \approx 0{,}8 \cdot R_{m_{max}}$$

Scherfläche bei kreisrundem Ausschnitt:

$$S = d \cdot \pi \cdot s \qquad d = \frac{S}{\pi \cdot s} \qquad s = \frac{S}{d \cdot \pi}$$

Zeichen	Bedeutung	Einheit
$\tau_{aB_{max}}$	Maximale Scherspannung	N/mm^2
$R_{m_{max}}$	Maximale Zugfestigkeit	N/mm^2
F	Schneidkraft	N
S	Scherfläche (gescherte Fläche)	mm^2
s	Blechdicke	mm
d	Durchmesser des Ausschnittes	mm

9.5 Flächenpressung

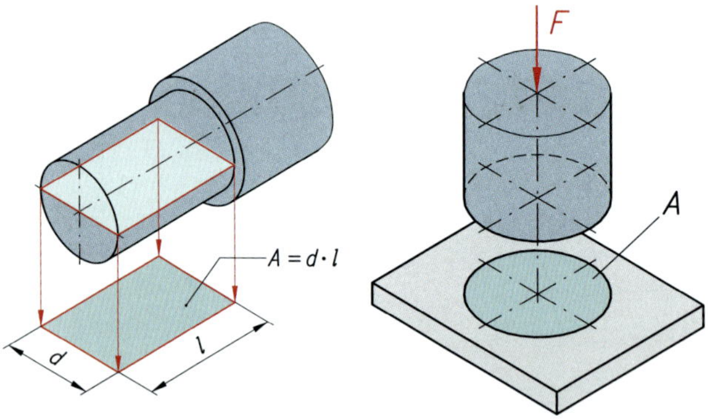

$$p = \frac{F}{A} \qquad F = p \cdot A \qquad A = \frac{F}{p}$$

$$p_{zul} = \frac{F_{zul}}{A} \qquad F_{zul} = p_{zul} \cdot A$$

$$A = \frac{F_{zul}}{p_{zul}}$$

Zeichen	Bedeutung	Einheit
p	Flächenpressung	N/mm^2
p_{zul}	Zulässige Flächenpressung	N/mm^2
F	Kraft	N
F_{zul}	Zulässige Kraft	N
A	Berührungsfläche/projizierte Fläche	mm^2

9.6 Beanspruchung auf Biegung

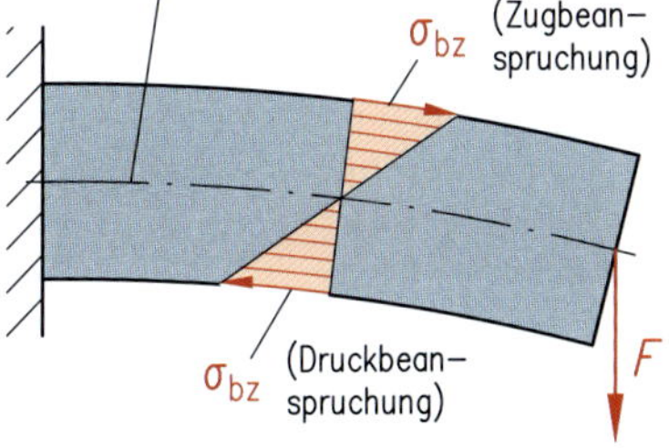

Biegespannung:

$$\sigma_b = \frac{M_b}{W_b} \qquad M_b = \sigma_b \cdot W_b \qquad W_b = \frac{M_b}{\sigma_b}$$

Zeichen	Bedeutung	Einheit
σ_{bz}	Biegespannung aus Zugbeanspruchung	N/mm^2, N/cm^2
σ_{bd}	Biegespannung aus Druckbelastung	N/mm^2, N/cm^2
σ_b	Biegespannung	N/mm^2, N/cm^2
M_b	Biegemoment	Nm, Ncm
W_b	Widerstandsmoment	cm^3

10.1 Druck und Kolbenkraft

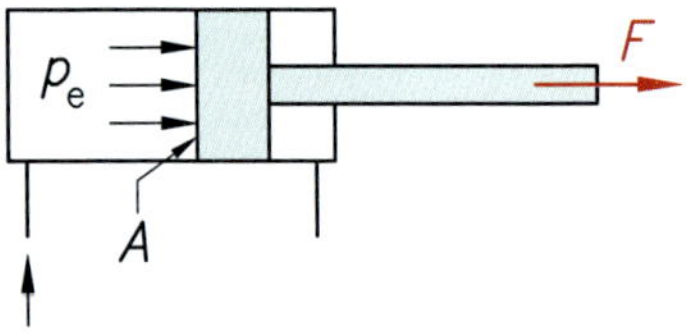

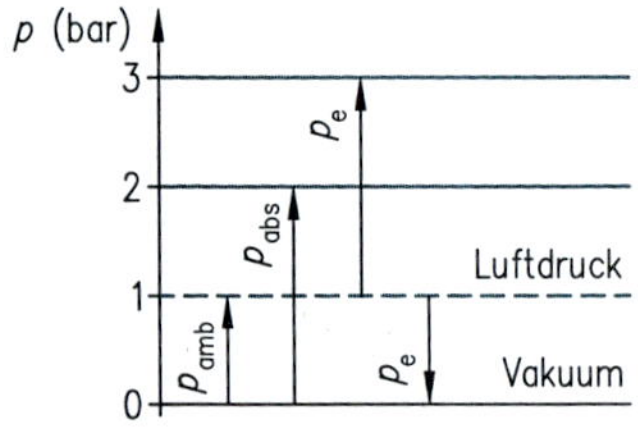

Druck:

$$p_e = \frac{F}{A}$$

$$F = p_e \cdot A$$

$$A = \frac{F}{p_c}$$

tatsächlich wirksame Kolbenkraft:

$$F = p_e \cdot A \cdot \eta$$

tatsächlich erforderliche Kolbenfläche:

$$A = \frac{F}{p_e \cdot \eta}$$

effektiver Druck:

$$p_e = p_{abs} - p_{amb}$$

$$p_{abs} = p_{amb} + p_e$$

Einheitenumformung: $1\ \text{bar} = 0{,}1\ \frac{\text{N}}{\text{mm}^2} = 10\ \frac{\text{N}}{\text{cm}^2}$

Zeichen	Bedeutung	Einheit
p_e	Effektiver, wirksamer Druck (Überdruck)	N/cm^2
p_{abs}	Absoluter Druck	bar
p_{amb}	Luftdruck (≈ 1bar)	bar
F	Kolbenkraft	N
A	Wirksame Kolbenfläche	cm^2
η	Wirkungsgrad des Zylinders	–

10.2 Kraftübersetzung und Druckübersetzung

Hydraulische Presse

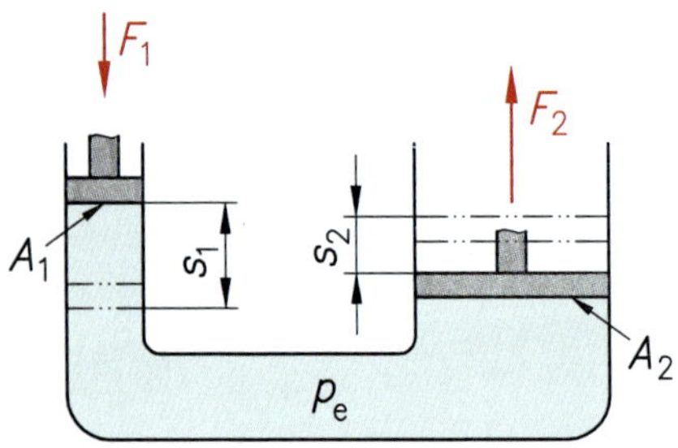

Einheitenumformung:

$1\ \text{bar} = 0{,}1\ \frac{\text{N}}{\text{mm}^2} = 10\ \frac{\text{N}}{\text{cm}^2}$

$p_e = p_{e1} = p_{e2}$

Verhältnisse von Kräften, Flächen und Wegen:

$$\frac{F_1}{F_2} = \frac{A_1}{A_2} = \frac{s_2}{s_1}$$

verdrängtes Volumen:

$$V_1 = V_2$$

$$A_1 \cdot s_1 = A_2 \cdot s_2$$

Kolbenarbeit:

$$W_1 = W_2$$

$$F_1 \cdot s_1 = F_2 \cdot s_2$$

Hydraulisches Übersetzungsverhältnis:

$$i = \frac{F_1}{F_2} = \frac{A_1}{A_2} = \frac{s_2}{s_1}$$

10 Pneumatik und Hydraulik

pneumatics and hydraulics

Zeichen	Bedeutung	Einheit
F_1	Kraft am Druckkolben	N
F_2	Kraft am Arbeitskolben	N
A_1	Fläche des Druckkolbens	mm^2
A_2	Fläche des Arbeitskolbens	mm^2
p_e	effektiver, wirksamer Druck (Überdruck)	N/mm^2
p_1	Wirksamer Druck am Druckkolben	N/mm^2
p_2	Wirksamer Druck am Arbeitskolben	N/mm^2
s_1	Weg des Druckkolbens	mm
s_2	Weg des Arbeitskolbens	mm
V_1/V_2	Verdrängte Volumina	l (dm^3), mm^3
W_1/W_2	Arbeit an den Kolben	J (Joule)), Nm
i	Hydraulisches Übersetzungsverhältnis	–

Druckübersetzer

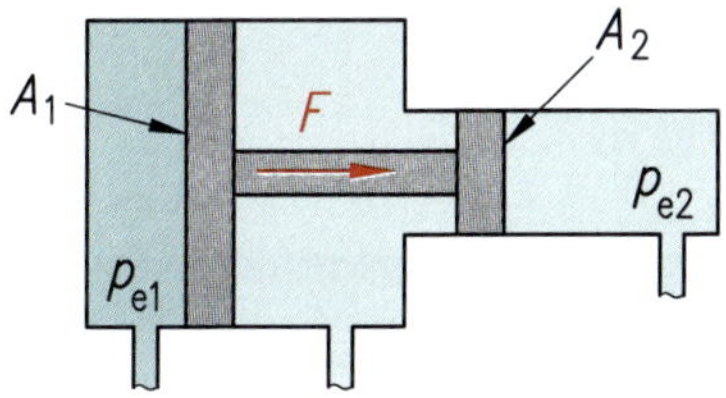

Einheitenumformung:

$$1 \text{ bar} = 0{,}1 \frac{\text{N}}{\text{mm}^2} = 10 \frac{\text{N}}{\text{cm}^2}$$

Theoretisches Verhältnis von effektivem Druck, Kolbenfläche und Kraft:

$$\frac{p_{e2}}{p_{e1}} = \frac{A_1}{A_2}$$

Nutzbarer, effektiver Druck p_{e2} unter Berücksichtigung des Wirkungsgrades:

$$p_{e2} = \frac{p_{e1} \cdot A_1 \cdot \eta}{A_2} \qquad \eta = \frac{p_{e2} \cdot A_2}{p_{e1} \cdot A_1}$$

Erforderlicher Druck p_{e1} bei gegebenem Ausgangsdruck p_{e2} unter Berücksichtigung des Wirkungsgrades:

$$p_{e1} = \frac{p_{e2} \cdot A_2}{A_1 \cdot \eta} \qquad \eta = \frac{p_{e2} \cdot A_2}{p_{e1} \cdot A_1}$$

Zeichen	Bedeutung	Einheit
F_1	Kolbenkraft	N
A_1/A_2	wirksame Kolbenflächen	mm^2, cm^2
p_{e1}	Effektiver, wirksamer Eingangsdruck	bar
p_{e2}	Effektiver, wirksamer Ausgangsdruck	bar
η	Wirkungsgrad des Systems	–

10.3 Luftverbrauch von pneumatischen Zylindern

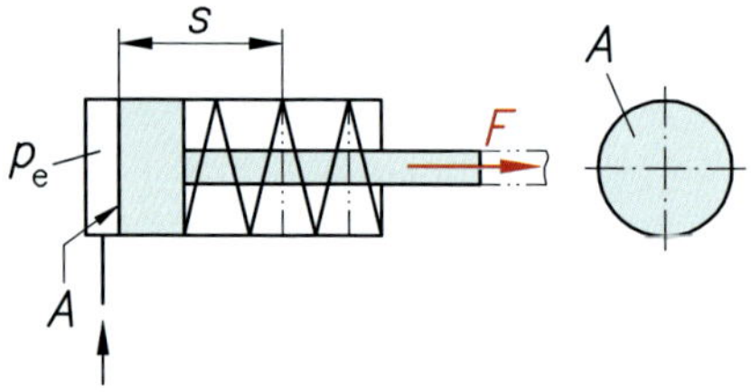

Einfach wirkender Zylinder:

$$Q = A \cdot s \cdot n \cdot \frac{p_e + p_{amb}}{p_{amb}}$$

$p_{amb} \approx 1$ bar

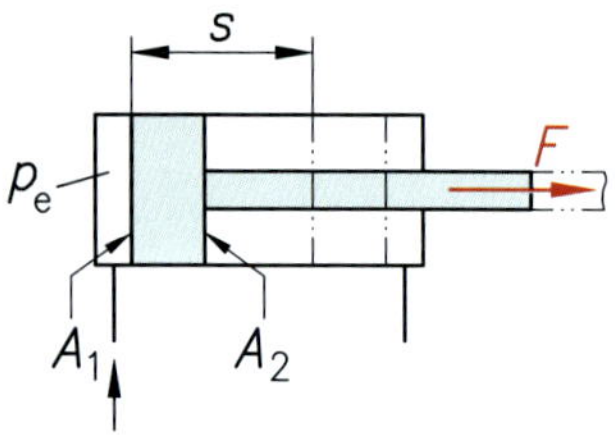

Doppelt wirkender Zylinder:

$$Q = (A_1 + A_2) \cdot s \cdot n \cdot \frac{p_e + p_{amb}}{p_{amb}}$$

Einheitenumformung:

$$1 \text{ bar} = 0{,}1 \frac{\text{N}}{\text{mm}^2} = 10 \frac{\text{N}}{\text{cm}^2}$$

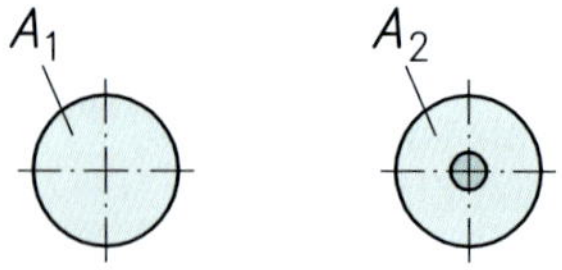

Bei Verwendung des spezifischen Luftverbrauchs (q) aus Tabellen:

$$Q = q \cdot s \cdot n$$

Zeichen	Bedeutung	Einheit
Q	Luftverbrauch	l/min
p_e	effektiver, wirksamer Druck (Überdruck)	bar
p_{amb}	Luftdruck (≈ 1 bar)	bar
s	Kolbenhub	dm
n	Hubzahl	1/min
A_1	Kolbenfläche	dm^2
A_2	Kolbenfläche (Stangenseite)	dm^2
q	Spezifischer Luftverbrauch je dm Kolbenhub	l/dm

10.4 Durchflussvolumen und Kolbengeschwindigkeit

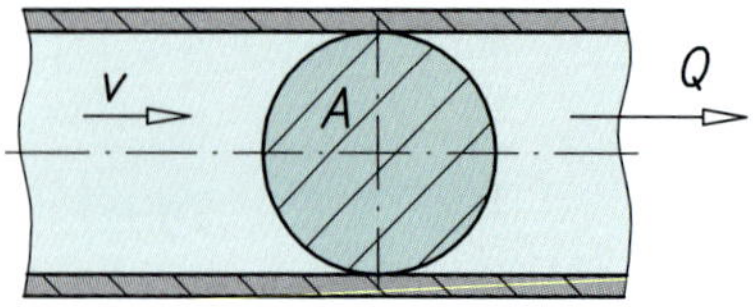

Durchflussvolumen und Kolbengeschwindigkeit:

$$Q = A \cdot v \qquad v = \frac{Q}{A} \qquad A = \frac{Q}{v}$$

$$Q = \frac{A \cdot s}{t} \qquad A = \frac{Q \cdot t}{s} \qquad s = \frac{Q \cdot t}{A}$$

Zeichen	Bedeutung	Einheit
Q	Volumenstrom	l/min; dm^3/min
A	Querschnittsfläche Kolben/Zylinder	dm^2
v	Durchflussgeschwindigkeit	dm/min
s	Kolbenweg	mm, dm
t	Zeit	min

10.5 Leistung von hydraulischen Pumpen und Zylindern

Zahlenwertgleichungen

Hinweis: Bei Verwendung der Zahlenwertgleichungen sind *zwingend* die Formelgrößen mit den in der nachstehenden Tabelle aufgeführten Einheiten zu verwenden.

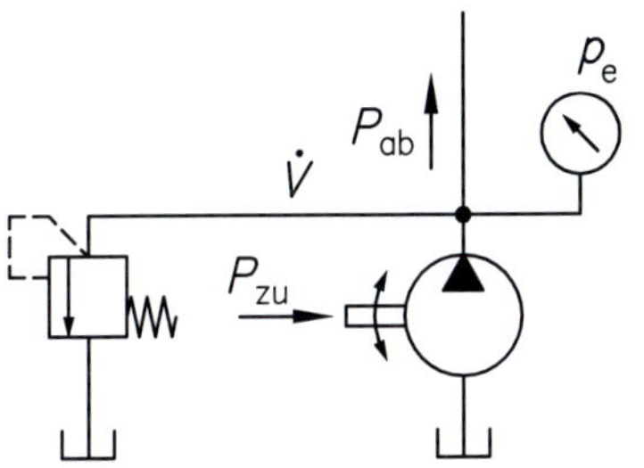

Zahlenwertgleichung für die zugeführte Leistung:

$$P_{zu} = \frac{M \cdot n}{9550} \qquad M = \frac{P_{zu} \cdot 9550}{n} \qquad n = \frac{P_{zu} \cdot 9550}{M}$$

Zahlenwertgleichung für die abgegebene Leistung:

$$P_{ab} = \frac{Q \cdot p_e}{600} \qquad Q = \frac{P_{ab} \cdot 600}{p_e} \qquad p_e = \frac{P_{ab} \cdot 600}{Q}$$

Wirkungsgrad der Pumpe:

$$\eta = \frac{P_{ab}}{P_{zu}} \qquad P_{ab} = P_{zu} \cdot \eta \qquad P_{zu} = \frac{P_{ab}}{\eta}$$

$$1\ \text{bar} \approx 10 \frac{\text{N}}{\text{cm}^3}$$

Einheitenumformung:

$$1\ \text{bar} = 0{,}1 \frac{\text{N}}{\text{mm}^2} = 10 \frac{\text{N}}{\text{cm}^2}$$

Zeichen	Bedeutung	Einheit
P_{zu}	Zugeführte Leistung	kW
P_{ab}	Abgegebene Leistung	kW
Q	Volumenstrom	l/min; dm^3/min
p_e	Überdruck	bar
η	Wirkungsgrad der Pumpe	–
M	Drehmoment	Nm
n	Drehzahl	1/min

11 Gleichstromkreis

direct current circuit

11.1 Einfacher Stromkreis

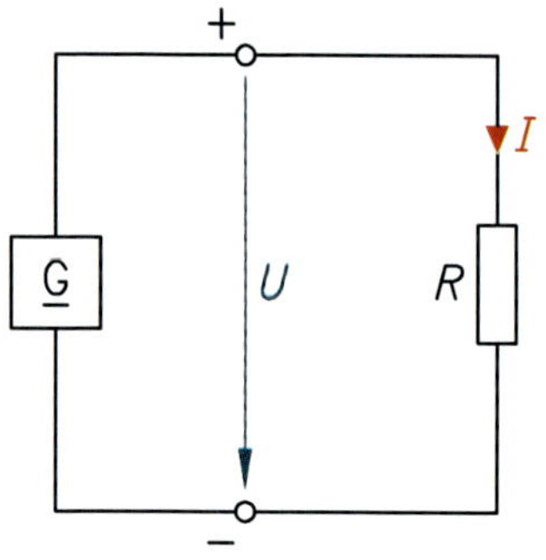

Ohmsches Gesetz:

$$I = \frac{U}{R} \qquad U = I \cdot R \qquad R = \frac{U}{I}$$

Elektrische Stromdichte:

$$J = \frac{I}{A} \qquad I = J \cdot A \qquad A = \frac{I}{J}$$

Elektrischer Leitwert, Wirkleitwert:

$$G = \frac{1}{R} \qquad R = \frac{1}{G}$$

Elektrische Leitfähigkeit – Spezifischer elektrischer Widerstand:

$$\gamma = \frac{1}{\varrho} \qquad \varrho = \frac{1}{\gamma}$$

Widerstand elektrischer Leiter:

$$R = \frac{\varrho \cdot l}{A} \qquad l = \frac{R \cdot A}{\varrho} \qquad A = \frac{l \cdot \varrho}{R}$$

Zeichen	Bedeutung	Einheit
U	Elektrische Spannung	V
I	Elektrische Stromstärke	A
R	Elektrischer Widerstand	Ω oder V/A
J	Elektrische Stromdichte	A/mm^2
G	Elektrischer Leitwert, Wirkleitwert	S oder A/V
ϱ	Spezifischer elektrischer Widerstand (rho)	$\Omega \cdot mm^2/m$
γ	Elektrische Leitfähigkeit (gamma)	$m/(\Omega \cdot mm^2)$
l	Länge des Leiters	m
A	Leiterquerschnitt	mm^2

Werte für Kupfer: $\varrho = 0{,}0179\ \Omega \cdot mm^2/m$ $\gamma = 56\ m/(\Omega \cdot mm^2)$

11.2 Schaltungen von Widerständen

Reihenschaltung von Widerständen

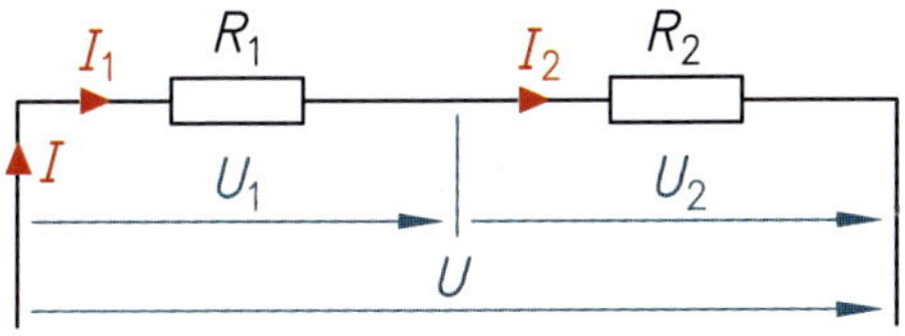

$$I = I_1 = I_2 = \dots$$

$$I = \frac{U}{R} = \frac{U_1}{R_1} = \frac{U_2}{R_2} = \dots$$

2. Kirchhoffsches Gesetz (Maschenregel, $\Sigma U = 0$)

$U = U_1 + U_2 + \dots$ $\qquad$ $U_1 = U - U_2 - \dots$

$U = I \cdot R = I \cdot R_1 + I \cdot R_2 + \dots$

$U = I(R_1 + R_2 + \dots)$

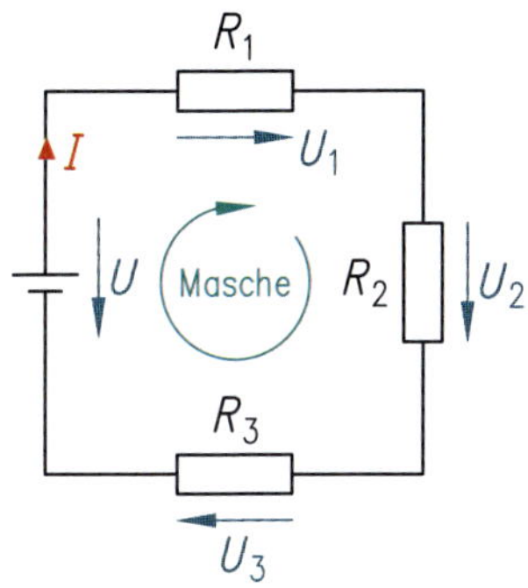

Maschenregel:

$U_1 + U_2 + U_3 - U = 0$

In einer Masche ist die Summe der Spannungen gleich Null!

$R = R_1 + R_2 + \dots$ $\qquad$ $R_1 = R - R_2 - \dots$

$\frac{U_1}{U_2} = \frac{R_1}{R_2}$ $\qquad$ $\frac{U}{R} = \frac{U_1}{R_1} = \frac{U_2}{R_2} = \dots$

Zeichen	Bedeutung	Einheit
U	Elektrische Spannung, Gesamtspannung	V
U_1, U_2, U_3	Teilspannungen	V
I	Elektrische Stromstärke	A
I_1, I_2	Teilströme	A
R	Elektrischer Gesamt-, Ersatzwiderstand	Ω
R_1, R_2, R_3	Teilwiderstände	Ω
Σ	Summenzeichen (griech.: Sigma)	

11 Gleichstromkreis

direct current circuit

Parallelschaltung von Widerständen

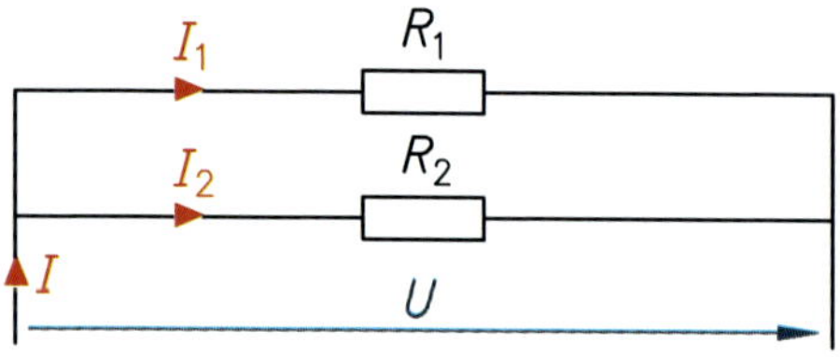

$$I = I_1 + I_2 + \ldots$$

$$I_1 = I - I_2 - \ldots$$

$$U = U_1 = U_2 = \ldots$$

1. Kirchhoffsches Gesetz (Knotenpunktregel, $\Sigma I = 0$, $\Sigma I_{zu} = \Sigma I_{ab}$)

$$I_1 - I_2 - I_3 = 0$$

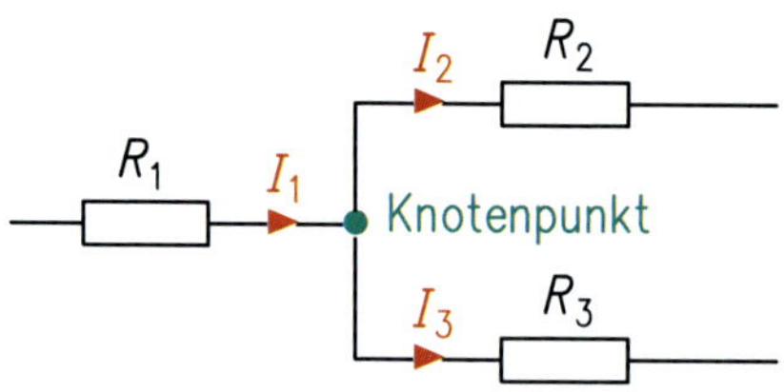

Bei einem Stromknoten ist die Summe der zufließenden und der abfließenden Ströme gleich Null!

$$\frac{1}{R} = \frac{1}{R_1} + \frac{1}{R_2} + \ldots \qquad \frac{1}{R_1} = \frac{1}{R} - \frac{1}{R_2} - \ldots$$

$$G = G_1 + G_2 + \ldots \qquad G_1 = G - G_2 - \ldots$$

Für zwei Widerstände gilt:

$$R = \frac{R_1 \cdot R_2}{R_1 + R_2} \qquad R_1 = \frac{R_2 \cdot R}{R_2 - R} \qquad R_2 = \frac{R_1 \cdot R}{R_1 - R}$$

$$\frac{I_1}{I_2} = \frac{R_2}{R_1} \qquad I_1 = \frac{I_2 \cdot R_2}{R_1} \qquad I_2 = \frac{I_1 \cdot R_1}{R_2} \qquad R_1 = \frac{I_2 \cdot R_2}{I_1} \qquad R_2 = \frac{I_1 \cdot R_1}{I_2}$$

$$\frac{I_1}{I_2} = \frac{G_1}{G_2} \qquad I_1 = \frac{I_2 \cdot G_1}{G_2} \qquad I_2 = \frac{I_1 \cdot G_2}{G_1} \qquad G_1 = \frac{I_1 \cdot G_2}{I_2} \qquad G_2 = \frac{I_2 \cdot G_1}{I_1}$$

Zeichen	Bedeutung	Einheit
U	Elektrische Spannung	V
U_1, U_2	Teilspannungen	V
I	Elektrische Stromstärke	A
I_1, I_2, I_3	Teilströme	A
R	Elektrischer Gesamt-, Ersatzwiderstand	Ω
R_1, R_2, R_3	Teilwiderstände	Ω
G	Elektrischer Leitwert	S, 1/Ω
G_1, G_2	Teilleitwerte	S, 1/Ω
Σ	Summenzeichen	–
ΣI_{zu}	Summe der zufließenden Ströme	A
ΣI_{ab}	Summe der abfließenden Ströme	A

Gruppenschaltung von Widerständen, gemischte Schaltungen

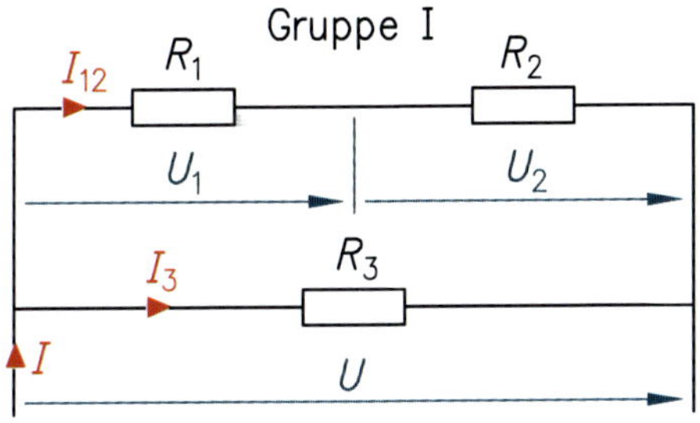

$$R = \frac{R_{12} \cdot R_3}{R_{12} + R_3} \qquad R_{12} = R_1 + R_2$$

$$I = \frac{U}{R} \qquad I = I_{12} + I_3 \qquad I_{12} = \frac{U}{R_{12}} \qquad I_3 = \frac{U}{R_3}$$

$$U = I \cdot R \qquad U_1 = I_{12} \cdot R_1 \qquad U_2 = I_{12} \cdot R_2 \qquad U = I_3 \cdot R_3$$

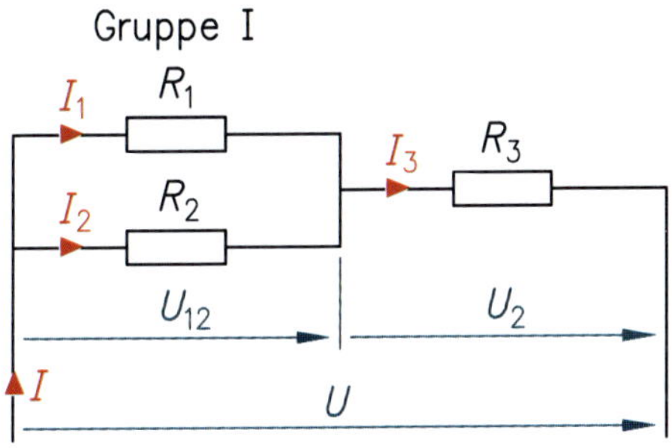

$$R = R_{12} + R_3 \qquad R_{12} = \frac{R_1 \cdot R_2}{R_1 + R_2}$$

$$I = \frac{U}{R} \qquad I = I_1 + I_2 = I_3 \qquad I_1 = \frac{U_{12}}{R_1} \qquad I_2 = \frac{U_{12}}{R_2} \qquad I_3 = \frac{U_3}{R_3}$$

$$U = I \cdot R \qquad U_{12} = I \cdot R_{12} \qquad U_3 = I_3 \cdot R_3$$

Zeichen	Bedeutung	Einheit
U	Elektrische Spannung	V
U_{12}	Gruppenspannung	V
I	Elektrische Stromstärke	A
$I_1 \ldots I_3$	Teilströme	A
R	Elektrischer Gesamt-, Ersatzwiderstand	Ω
R_{12}	Gruppenwiderstand	Ω
$R_1 \ldots R_3$	Teilwiderstände	Ω
I_{12}	Strom durch Widerstände R_1 und R_2	A

11 Gleichstromkreis

direct current circuit

Spannungsteiler

Unbelasteter Spannungsteiler

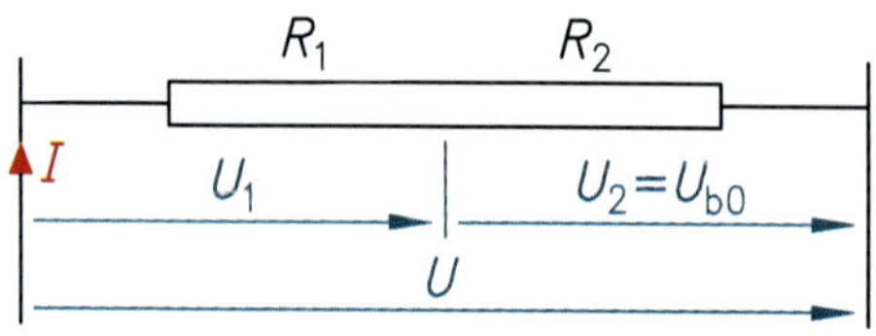

$$I = \frac{U}{R_1 + R_2}$$ $$U = I \cdot (R_1 + R_2)$$ $$R_1 = \frac{U}{I} - R_2$$ $$R_2 = \frac{U}{I} - R_1$$

$$U_1 = \frac{U \cdot R_1}{R_1 + R_2}$$ $$U_1 = U \cdot \frac{R_1}{R}$$ $$U_1 = I \cdot R_1$$ $$U_2 = U_{b0} = \frac{U \cdot R_2}{R_1 + R_2}$$

$$R_1 = R_2 \left(\frac{U}{U_2} - 1 \right)$$ $$R_2 = \frac{R_1}{\frac{U}{U_2} - 1}$$

Zeichen	Bedeutung	Einheit
U	Elektrische Spannung	V
U_1	Teilspannung	V
$U_2 = U_{b0}$	Teilspannung bei Leerlauf	V
I	Elektrische Stromstärke	A
R	Elektrischer Gesamtwiderstand	Ω
R_1, R_2	Teilwiderstände	Ω

Belasteter Spannungsteiler

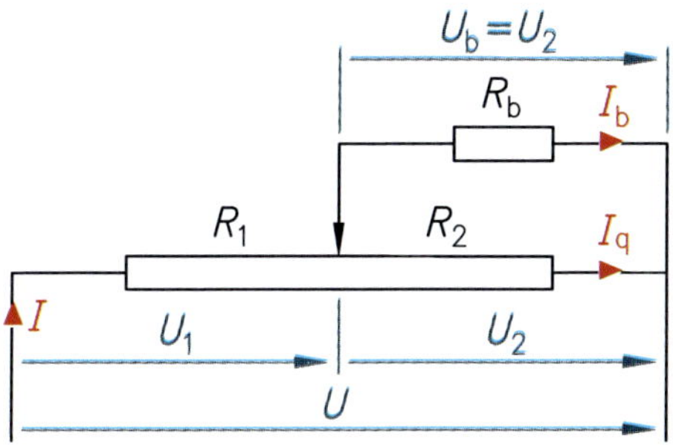

Potenziometer

$U = U_1 + U_2$ $\quad I = \frac{U}{R}$ $\quad I = \frac{U_1}{R_1}$ $\quad I = \frac{U_b}{R_{2b}}$ $\quad I = I_q + I_b$

$I_q = \frac{U_b}{R_2}$ $\quad I_q = I - I_b$ $\quad I_b = \frac{U_b}{R_b}$

$\frac{U_b}{U} = \frac{R_{2b}}{R}$ $\quad U_b = \frac{R_{2b} \cdot U}{R}$ $\quad U = \frac{U_b \cdot R}{R_{2b}}$ $\quad R = \frac{U \cdot R_{2b}}{U_b}$ $\quad R_{2b} = \frac{U_b \cdot R}{U}$

$\frac{U_b}{U_1} = \frac{R_{2b}}{R_1}$ $\quad U_1 = \frac{U_b \cdot R_1}{R_{2b}}$ $\quad U_b = \frac{U_1 \cdot R_{2b}}{R_1}$ $\quad R_1 = \frac{U_1 \cdot R_{2b}}{U_b}$ $\quad R_{2b} = \frac{U_b \cdot R_1}{U_1}$

$U_b = I \cdot R_{2b}$ $\quad U_b = I_b \cdot R_b$ $\quad U_b = I_q \cdot R_2$

$R = R_1 + R_{2b}$ $\quad R_{2b} = \frac{U_{b0} - U_b}{I_b}$ $\quad R_{2b} = \frac{R_2 \cdot R_b}{R_2 + R_b}$

Zeichen	Bedeutung	Einheit
U	Elektrische Spannung	V
U_1, U_2	Teilspannungen	V
$U_2 = U_b$	Teilspannung bei Belastung	V
U_{b0}	Teilspannung bei Leerlauf	V
I	Elektrische Stromstärke	A
I_b	Belastungsstrom	A
I_q	Querstrom	A
R_1, R_2	Teilwiderstände	Ω
R_b	Belastungswiderstand	Ω
R	Gesamtwiderstand	Ω
R_{2b}	Ersatzwiderstand für R_2 und R_b	Ω

11 Gleichstromkreis

direct current circuit

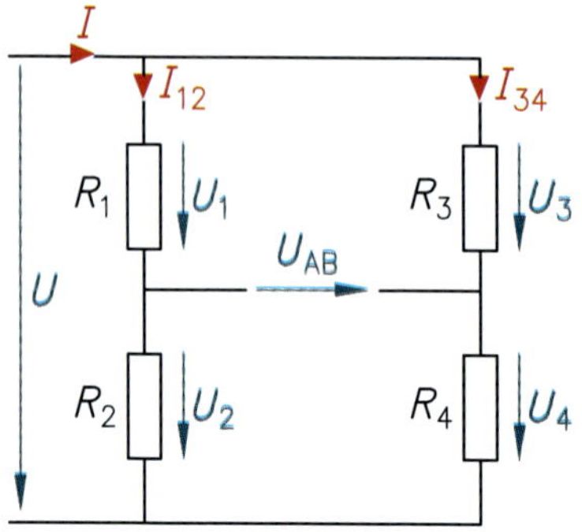

Brückenschaltung

$I = I_{12} + I_{34}$ $\quad I_{12} = \frac{U}{R_1 + R_2}$ $\quad I_{34} = \frac{U}{R_3 + R_4}$

$U_2 = I_{12} \cdot R_2$ $\quad U_4 = I_{34} \cdot R_4$ $\quad U_{AB} = U_2 - U_4$

Abgleichbedingung: $U_{AB} = 0$

Dann gilt: $\frac{U_1}{U_2} = \frac{U_3}{U_4}$ $\quad \frac{R_1}{R_2} = \frac{R_3}{R_4}$

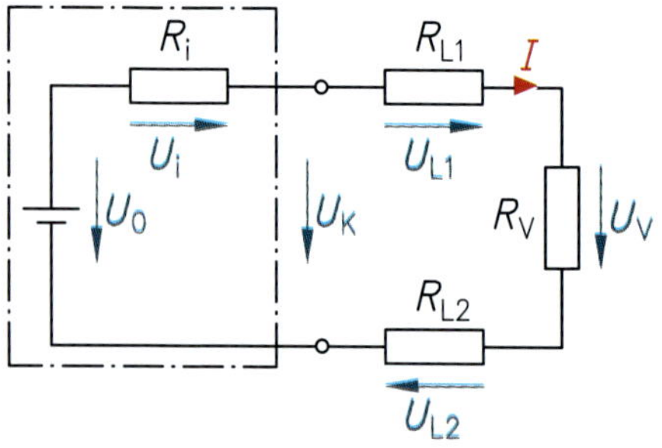

Spannungs- und Widerstandsverteilung im Stromkreis

$U_0 = U_K + U_i$ $\quad U_K = U_{L1} + U_{L2} + U_V$

$I = \frac{U_0}{R}$ $\quad R = R_i + R_{L1} + R_{L2} + R_V$

$I = \frac{U_K}{R_A}$ $\quad R_A = R_{L1} + R_{L2} + R_V$

$R_L = R_{L1} + R_{L2}$

$I = \frac{U_V}{R_V}$ Bei Kurzschluss der Spannungsquelle: $U_K = 0$ Dann gilt: $I_K = \frac{U_0}{R_i}$

$R_i = \frac{U_K}{I_K - I}$ $\quad R_i = \frac{U_0 - U_K}{I}$

Zeichen	Bedeutung	Einheit
U	Elektrische Spannung	V
$U_1 \dots U_4$	Teilspannungen	V
U_{AB}, U_K	Brückenspannung, Klemmenspannung	V
U_0	Urspannung der Spannungsquelle	V
U_{L1}, U_{L2}	Spannungsfall auf der Hin- und Rückleitung	V
U_i, U_V	Spannungsfall am Innenwiderstand und Verbraucherwiderstand	V
I	Elektrische Stromstärke	A
I_{12}, I_{34}	Teilströme	A
I_K	Kurzschlussstrom	A
R	Gesamtwiderstand	Ω
$R_1 \dots R_4$	Teilwiderstände	Ω
R_i	Innenwiderstand der Spannungsquelle	Ω
R_L, R_V, R_A	Leitungswiderstand, Verbraucherwiderstand, Außenwiderstand	Ω
R_{L1}, R_{L2}	Widerstand der Zuleitung, Widerstand der Rückleitung	Ω

11.3 Elektrische Arbeit und Leistung im Gleichstromkreis

Leistung für Gleichstrom

$$P = U \cdot I \qquad U = \frac{P}{I} \qquad I = \frac{P}{U}$$

$$P = I^2 \cdot R \qquad R = \frac{P}{I^2} \qquad I = \sqrt{\frac{P}{R}}$$

$$P = \frac{U^2}{R} \qquad R = \frac{U^2}{P} \qquad U = \sqrt{P \cdot R}$$

Einheitenumformung: $1\ \text{W} = 1\ \frac{\text{J}}{\text{s}} = 1\ \frac{\text{Nm}}{\text{s}} = 1\ \frac{\text{kgm}^2}{\text{s}^3}$

Elektrische Arbeit

$$W = P \cdot t \qquad P = \frac{W}{t} \qquad W = U \cdot I \cdot t \qquad W = I^2 \cdot R \cdot t \qquad W = \frac{U^2}{R} \cdot t$$

Wirkungsgrad

$$\eta = \frac{P_{ab}}{P_{zu}} \qquad P_{zu} = \frac{P_{ab}}{\eta} \qquad P_{ab} = P_{zu} \cdot \eta \qquad P_V = P_{zu} - P_{ab} \qquad \eta = \eta_1 \cdot \eta_2 \ldots$$

Leistungsermittlung mit dem Zähler

$$P_{kW} = \frac{n \cdot 60}{C_Z \cdot t_{min}} \qquad t_{min} = \frac{n \cdot 60}{C_Z \cdot P_{kW}} \qquad n = \frac{t_{min} \cdot C_Z \cdot P_{kW}}{60}$$

Zeichen	Bedeutung	Einheit
P	Elektrische Leistung	W, kW
P_{kW}	Elektrische Leistung in kW	kW
P_{ab}	Abgegebene Leistung	W, kW
P_{zu}	Zugeführte Leistung	W, kW
P_v	Leistungsverlust	W, kW
U	Elektrische Spannung	V
I	Elektrischer Strom	A
R	Elektrischer Widerstand	Ω
W	Elektrische Arbeit	Ws, kWh
t	Zeit	s, h
t_{min}	Zeit in Minuten	min
η	Wirkungsgrad	–
η_1, η_2	Einzelwirkungsgrade	–
n	Anzahl der Umdrehungen der Zählerscheibe	–
C_z	Zählerkonstante	1/kWh

11.4 Kondensator im Gleichstromkreis

Ladung und Feldstärke

$$Q = U \cdot C \qquad C = \frac{Q}{U} \qquad U = \frac{Q}{C} \qquad E = \frac{U}{d}$$

$$Q = I \cdot t \qquad I = \frac{Q}{t} \qquad t = \frac{Q}{I} \qquad E = \frac{F}{Q}$$

Kapazität des Kondensators

$$C = \frac{\varepsilon_0 \cdot \varepsilon_r \cdot A}{d} \qquad \varepsilon = \varepsilon_0 \cdot \varepsilon_r \qquad \varepsilon_0 = 8{,}85 \cdot 10^{-12}\,\frac{\mathrm{F}}{\mathrm{m}}$$

Energiegehalt

$$W_C = \frac{U_C^2 \cdot C}{2}$$

Reihenschaltung von Kondensatoren

$$\frac{1}{C} = \frac{1}{C_1} + \frac{1}{C_2} + \ldots \qquad \frac{1}{C_1} = \frac{1}{C} - \frac{1}{C_2} - \ldots$$

$$U = U_1 + U_2 + \ldots$$

Für 2 Kondensatoren:

$$C = \frac{C_1 \cdot C_2}{C_1 + C_2} \qquad C_1 = \frac{C_2 \cdot C}{C_2 - C}$$

Parallelschaltung von Kondensatoren

$$C = C_1 + C_2 + \ldots \qquad C_1 = C - C_2 - \ldots \qquad I = I_1 + I_2 + \ldots$$

Zeichen	Bedeutung	Einheit
E	Elektrische Feldstärke	V/m
Q	Elektrizitätsmenge, elektrische Ladung	As, C
C	Elektrische Kapazität	F
C_1, C_2	Teilkapazitäten	F
U	Elektrische Spannung	V
U_C	Spannung am Kondensator	V
U_1, U_2	Teilspannungen	V
I	Elektrische Stromstärke	A
I_1, I_2	Teilströme	A
t	Zeit	s
F	Kraft im elektrischen Feld	N
W_C	Energie des elektrischen Feldes eines Kondensators	Ws
A	Oberfläche einer Kondensatorplatte	m^2
d	Plattenabstand	m
$\varepsilon, \varepsilon_0$	Permittivität, Elektrische Feldkonstante	F/m
ε_r	Permittivitätszahl	–

Einheitenumformung: $1\,\mathrm{F} = 1\,\frac{\mathrm{C}}{\mathrm{V}} = 1\,\frac{\mathrm{As}}{\mathrm{V}} = 1\,\frac{\mathrm{A^2 s}}{\mathrm{W}} = 1\,\frac{\mathrm{A^2 s^2}}{\mathrm{J}}$

11.5 Magnetismus und elektromagnetische Induktion

Elektrische Durchflutung

$\Theta = I \cdot N$ $\quad I = \frac{\Theta}{N}$ $\quad N = \frac{\Theta}{I}$

Magnetische Feldstärke

$H = \frac{I \cdot N}{l}$ $\quad H = \frac{\Theta}{l}$ $\quad \Theta = H \cdot l$

Magnetische Flussdichte

a) Luft: $B_L = \mu_0 \cdot H$

b) Eisen: $B_{Fe} = \mu_0 \cdot \mu_r \cdot H$ $\quad \mu_0 = 1{,}256 \cdot 10^{-6} \frac{\text{Vs}}{\text{Am}}$

Permeabilität

$\mu = \mu_0 \cdot \mu_r$

Magnetischer Fluss

$\Phi = B \cdot A$ $\quad B = \frac{\Phi}{A}$ $\quad A = \frac{\Phi}{B}$

Allgemeines Induktionsgesetz

$U_i = -N \frac{\Delta\Phi}{\Delta t}$ $\quad U_i = -L \frac{\Delta I}{\Delta t}$

Induzierte Spannung in einem Leiter

$U_i = B \cdot l \cdot v$

Induzierte Spannung in mehreren Leitern

$U_i = B \cdot l \cdot v \cdot z$

Induzierte Spannung in einer Spule

$U_i = B \cdot l \cdot v \cdot 2 \cdot N$

11 Gleichstromkreis

direct current circuit

Zeichen	Bedeutung	Einheit
Θ	Elektrische Durchflutung (Theta)	A
H	Magnetische Feldstärke	A/m
I	Elektrische Stromstärke	A
N	Windungszahl	–
l	Mittlere Feldlinienlänge, wirksame Leiterlänge	m
B	Magnetische Flussdichte	Vs/m^2
B_L	Magnetische Flussdichte in Luft	Vs/m^2
B_{Fe}	Magnetische Flussdichte im Eisen	Vs/m^2
Φ	Magnetischer Fluss (Phi)	Vs
A	Polfläche	m^2
μ	Permeabilität	Vs/Am
μ_0	Magnetische Feldkonstante	Vs/Am
μ_r	Permeabilitätszahl	–
U_i	Induzierte Spannung	V
$\Delta\Phi$	Flussänderung	Vs
Δt	Zeitdauer der Änderung	s
ΔI	Stromänderung	A
L	Induktivität	H
v	Geschwindigkeit	m/s
z	Anzahl der Leiter	–
n	Umdrehungsfrequenz	1/min

12 Wechselstromkreis

alternating current circuit

12.1 Wechselspannung und Wechselstrom in Sinusform

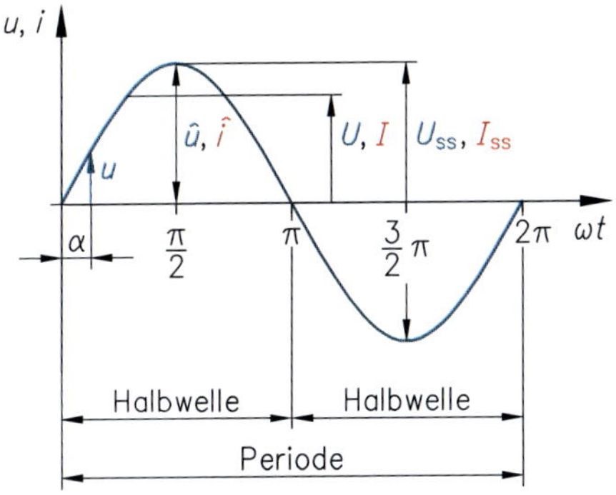

Frequenz und Periodendauer

$$f = \frac{1}{T} \qquad T = \frac{1}{F}$$

Bei elektrischen Maschinen: $f = \frac{p \cdot n}{60}$

Zeitwert einer Wechselgröße

$$u = \hat{u} \cdot \sin \alpha \qquad i = \hat{i} \cdot \sin \alpha$$

Effektivwert und Scheitelwert (gilt nur bei sinusförmigen Größen)

$$U = \frac{\hat{u}}{\sqrt{2}} \qquad U = 0{,}707 \cdot \hat{u} \qquad \hat{u} = U \cdot \sqrt{2} \qquad U_{ss} = 2 \cdot \hat{u}$$

$$I = \frac{\hat{i}}{\sqrt{2}} \qquad I = 0{,}707 \cdot \hat{i} \qquad \hat{i} = I \cdot \sqrt{2} \qquad I_{ss} = 2 \cdot \hat{i}$$

Kreisfrequenz

$$\omega = 2 \cdot \pi \cdot f \qquad f = \frac{\omega}{2 \cdot \pi}$$

Drehwinkel

$$\alpha = \frac{2 \cdot \pi}{T} \cdot t \qquad \alpha = 2 \cdot \pi \cdot f \cdot t \qquad \alpha = \omega \cdot t$$

Zeichen	Bedeutung	Einheit
U	Effektivwert der Wechselspannung	V
$\hat{u}$	Scheitelwert, Maximalwert der Wechselspannung	V
U_{ss}	Spannung von Spitze zu Spitze (Spitze-Spitze-Wert)	V
u	Augenblickswert oder Zeitwert der Wechselspannung	V
I	Effektivwert des Wechselstroms	A
$\hat{i}$	Scheitelwert, Maximalwert des Wechselstroms	A
I_{ss}	Strom von Spitze zu Spitze	A
$\hat{\imath}$	Augenblickswert oder Zeitwert des Wechselstroms	A
f	Frequenz	Hz, s^{-1}
T	Periodendauer	s
p	Polpaarzahl	–
n	Umdrehungsfrequenz	1/min
ω	Kreisfrequenz	s^{-1}
α	Drehwinkel	° (Grad)
t	Zeit	s

12.2 Schaltungen von Verbrauchern im Wechselstromkreis

Induktivität an sinusförmiger Wechselspannung

$X_L = \omega \cdot L$ $\quad L = \frac{X_L}{\omega}$ $\quad \omega = \frac{X_L}{L}$

$X_L = 2 \cdot \pi \cdot f \cdot L$ $\quad L = \frac{X_L}{2 \cdot \pi \cdot f}$ $\quad f = \frac{X_L}{2 \cdot \pi \cdot L}$

$U_L = X_L \cdot I_L$ $\quad X_L = \frac{U_L}{I_L}$ $\quad I_L = \frac{U_L}{X_L}$

$Q_L = U_L \cdot I_L$ $\quad Q_L = \frac{U_L^2}{X_L}$ $\quad Q_L = I_L^2 \cdot X_L$

$L = \frac{\mu_0 \cdot \mu_r \cdot N^2 \cdot A}{l}$ $\quad \mu_0 = 1{,}256 \cdot 10^{-6}\ \frac{\text{Vs}}{\text{Am}}$

Kapazität an sinusförmiger Wechselspannung

$X_C = \frac{1}{\omega \cdot C}$ $\quad X_C = \frac{1}{2 \cdot \pi \cdot f \cdot C}$ $\quad C = \frac{1}{\omega \cdot X_C}$ $\quad f = \frac{1}{2 \cdot \pi \cdot C \cdot X_C}$

$I_C = \frac{U_C}{X_C}$ $\quad I_C = U_C \cdot \omega \cdot C$ $\quad U_C = I_C \cdot X_C$ $\quad X_C = \frac{U_C}{I_C}$

$Q_C = U_C \cdot I_C$ $\quad Q_C = \frac{U_C^2}{X_C}$ $\quad Q_C = I_C^2 \cdot X_C$ $\quad U_C = \frac{Q_C}{I_C}$

$Q_C = U_C^2 \cdot \omega \cdot C$ $\quad C = \frac{Q_C}{U_C^2 \cdot \omega}$

Zeichen	Bedeutung	Einheit
U_L, U_C	Induktive, kapazitive Blindspannung	V
I_L, I_C	Induktiver, kapazitiver Blindstrom	A
X_L, X_C	Induktiver, kapazitiver Blindwiderstand	Ω
L	Induktivität	H
C	Kapazität	F
ω	Kreisfrequenz	s^{-1}
f	Frequenz	Hz, s^{-1}
μ_0	Magnetische Feldkonstante	Vs/Am
μ_r	Permeabilitätszahl	–
N	Windungszahl	–
l	Feldlinienlänge	m
A	Vom magnetischen Fluss durchsetzte Fläche	m^2
Q_L, Q_C	Induktive, kapazitive Blindleistung	var

12 Wechselstromkreis

alternating current circuit

Reihenschaltung von Wirkwiderstand und Induktivität

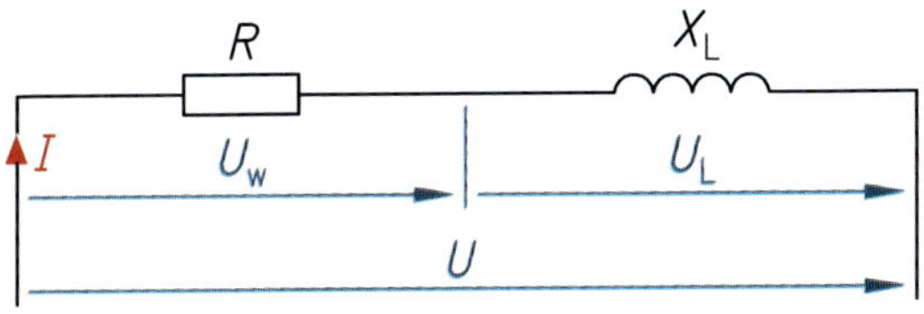

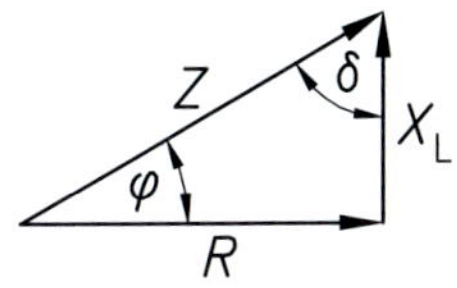

Widerstandsdreieck

$Z^2 = R^2 + X_L^2$ $\quad Z = \sqrt{R^2 + X_L^2}$ $\quad R = \sqrt{Z^2 - X_L^2}$ $\quad X_L = \sqrt{Z^2 - R^2}$

$\cos\varphi = \frac{R}{Z}$ $\quad R = Z \cdot \cos\varphi$ $\quad Z = \frac{R}{\cos\varphi}$

Verlustfaktor

$\tan\delta = \frac{R}{X_L}$

$\sin\varphi = \frac{X_L}{Z}$ $\quad X_L = Z \cdot \sin\varphi$ $\quad Z = \frac{X_L}{\sin\varphi}$

Spulengüte

$Q = \frac{1}{\tan\delta} = \frac{X_L}{R}$

$Z = \frac{U}{I}$ $\quad I = \frac{U}{Z}$ $\quad U = Z \cdot I$

$U^2 = U_W^2 + U_L^2$ $\quad U = \sqrt{U_W^2 + U_L^2}$ $\quad U_W = \sqrt{U^2 - U_L^2}$ $\quad U_L = \sqrt{U^2 - U_W^2}$

$\cos\varphi = \frac{U_W}{U}$ $\quad U_W = U \cdot \cos\varphi$ $\quad U = \frac{U_W}{\cos\varphi}$

$\sin\varphi = \frac{U_L}{U}$ $\quad U_L = U \cdot \sin\varphi$ $\quad U = \frac{U_L}{\sin\varphi}$

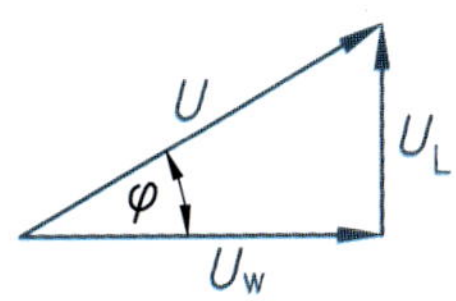

$U_W = R \cdot I$ $\quad U_L = X_L \cdot I$

Spannungsdreieck

Zeichen	Bedeutung	Einheit
U	Elektrische Spannung	V
U_W	Wirkspannung	V
U_L	Induktive Blindspannung	V
I	Scheinstrom, Gesamtstrom	A
Z	Scheinwiderstand	Ω
R	Wirkwiderstand	Ω
X_L	Induktiver Blindwiderstand	Ω
$\cos\varphi$	Wirkleistungsfaktor	–
$\sin\varphi$	Blindleistungsfaktor	–
$\tan\delta$	Verlustfaktor	–
Q	Spulengüte	–

Parallelschaltung von Wirkwiderstand und Induktivität

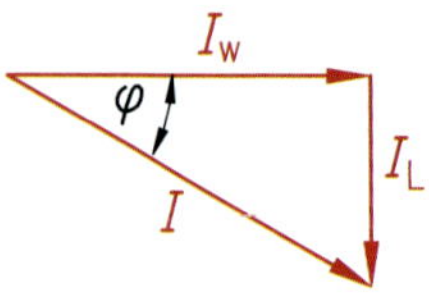

Stromdreieck

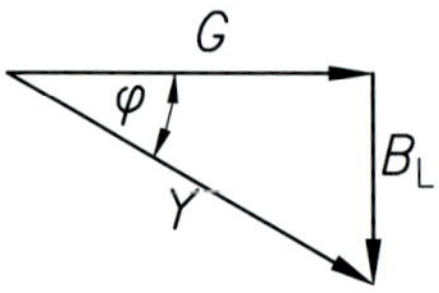

Leitwertdreieck

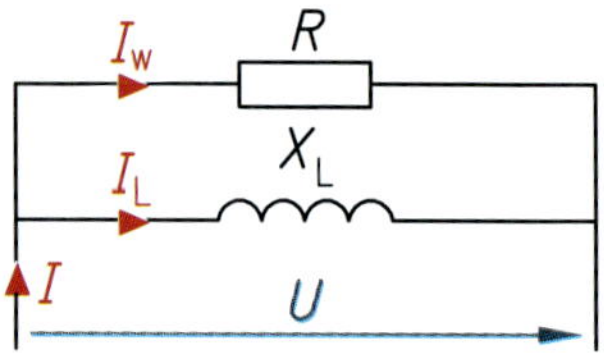

$I^2 = I_w^2 + I_L^2$	$I = \sqrt{I_w^2 + I_L^2}$	$I_w = \sqrt{I^2 - I_L^2}$	$I_L = \sqrt{I^2 - I_w^2}$
$\cos\varphi = \frac{I_w}{I}$	$I = \frac{I_w}{\cos\varphi}$	$I_w = I \cdot \cos\varphi$	
$\sin\varphi = \frac{I_L}{I}$	$I = \frac{I_L}{\sin\varphi}$		$I_L = I \cdot \sin\varphi$
$\tan\varphi = \frac{I_L}{I_w}$		$I_w = \frac{I_L}{\tan\varphi}$	$I_L = I_w \cdot \tan\varphi$
$Z = \frac{U}{I}$	$Y^2 = G^2 + B_L^2$	$Y = \sqrt{G^2 + B_L^2}$	$\frac{1}{Z} = \sqrt{\frac{1}{R^2} + \frac{1}{X_L^2}}$

Zeichen	Bedeutung	Einheit
U	Elektrische Spannung	V
I	Scheinstrom, Gesamtstrom	A
I_w	Wirkstrom	A
I_L	Induktiver Blindstrom	A
Z	Scheinwiderstand	Ω
R	Wirkwiderstand	Ω
X_L	Induktiver Blindwiderstand	Ω
Y	Scheinleitwert	S
G	Wirkleitwert	S
B_L	Induktiver Blindleitwert	S
cos φ	Wirkleistungsfaktor	–
sin φ	Blindleistungsfaktor	–
tan φ	Verlustfaktor	–

12 Wechselstromkreis

alternating current circuit

Reihenschaltung von Wirkwiderstand und Kapazität

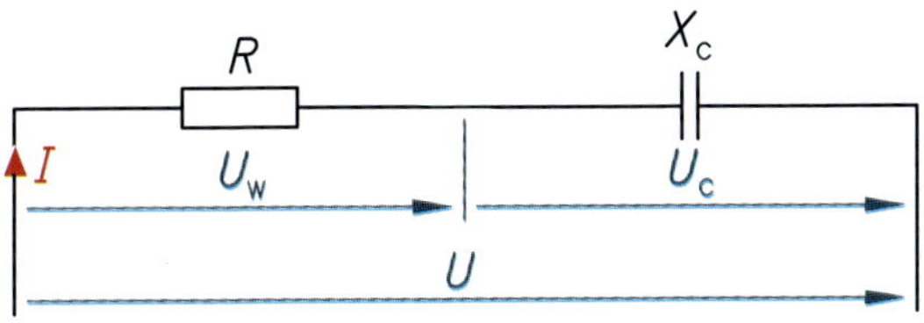

$$Z^2 = R^2 + X_c^2 \qquad Z = \sqrt{R^2 + X_c^2} \qquad R = \sqrt{Z^2 - X_c^2} \qquad X_c = \sqrt{Z^2 - R^2}$$

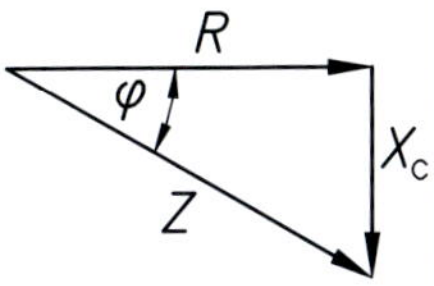

Widerstandsdreieck

$$Z = \frac{U}{I} \qquad I = \frac{U}{Z} \qquad U = I \cdot Z$$

$$\cos\varphi = \frac{R}{Z} \qquad Z = \frac{R}{\cos\varphi} \qquad R = Z \cdot \cos\varphi$$

$$\sin\varphi = \frac{X_c}{Z} \qquad Z = \frac{X_c}{\sin\varphi} \qquad X_c = Z \cdot \sin\varphi$$

$$\tan\varphi = \frac{X_c}{R} \qquad R = \frac{X_c}{\tan\varphi} \qquad X_c = R \cdot \tan\varphi$$

$$U^2 = U_w^2 + U_c^2 \qquad U = \sqrt{U_w^2 + U_c^2} \qquad U_w = \sqrt{U^2 - U_c^2} \qquad U_c = \sqrt{U^2 - U_w^2}$$

$$U = I \cdot Z$$

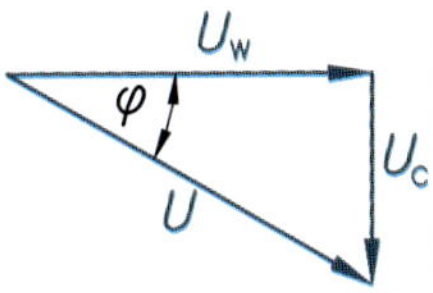

Spannungsdreieck

$$\cos\varphi = \frac{U_w}{U} \qquad U = \frac{U_w}{\cos\varphi} \qquad U_w = U \cdot \cos\varphi$$

$$\sin\varphi = \frac{U_c}{U} \qquad U = \frac{U_c}{\sin\varphi} \qquad U_c = U \cdot \sin\varphi$$

$$\tan\varphi = \frac{U_c}{U_w} \qquad U_w = \frac{U_c}{\tan\varphi} \qquad U_c = U_w \cdot \tan\varphi$$

Zeichen	Bedeutung	Einheit
U	Elektrische Spannung	V
U_w	Wirkspannung	V
U_c	Kapazitive Blindspannung	V
I	Scheinstrom, Gesamtstrom	A
Z	Scheinwiderstand	Ω
R	Wirkwiderstand, ohmscher Widerstand	Ω
X_c	Kapazitiver Blindwiderstand	Ω
cos φ	Wirkleistungsfaktor	–
sin φ	Blindleistungsfaktor	–
tan φ	Verlustfaktor	–

Parallelschaltung von Wirkwiderstand und Kapazität

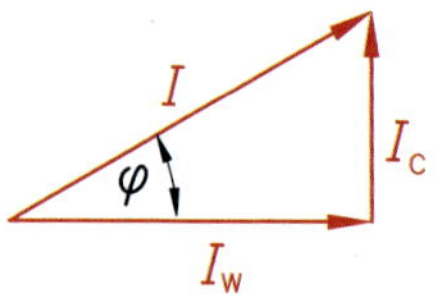

Stromdreieck

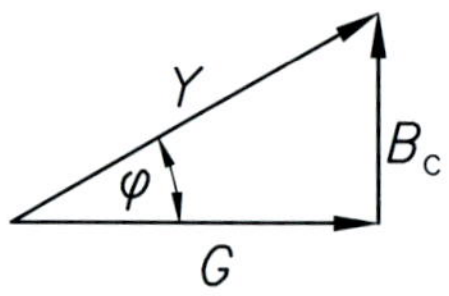

Leitwertdreieck

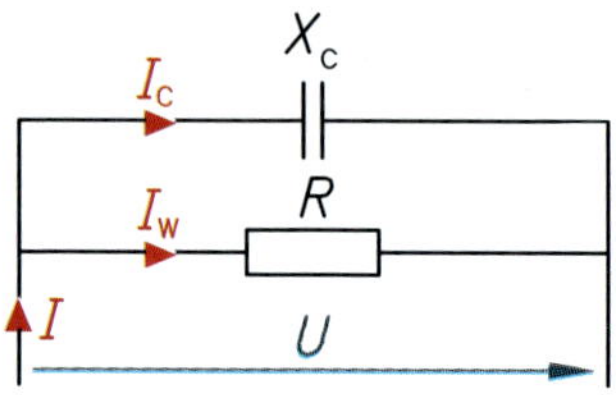

$I^2 = I_w^2 + I_c^2$	$I = \sqrt{I_w^2 + I_c^2}$	$I_w = \sqrt{I^2 - I_c^2}$	$I_c = \sqrt{I^2 - I_w^2}$
$\cos\varphi = \frac{I_w}{I}$	$I = \frac{I_w}{\cos\varphi}$	$I_w = I \cdot \cos\varphi$	
$\sin\varphi = \frac{I_c}{I}$	$I = \frac{I_c}{\sin\varphi}$		$I_c = I \cdot \sin\varphi$
$\tan\varphi = \frac{I_c}{I_w}$		$I_w = \frac{I_c}{\tan\varphi}$	$I_c = I_w \cdot \tan\varphi$
$Z = \frac{U}{I}$	$\frac{1}{Z} = \sqrt{\frac{1}{R^2} + \frac{1}{X_c^2}}$	$\frac{1}{R} = \frac{1}{Z} \cdot \cos\varphi$	$\frac{1}{X_c} = \frac{1}{Z} \cdot \sin\varphi$
$Y^2 = G^2 + B_c^2$	$Y = \sqrt{G^2 + B_c^2}$	$G = Y \cdot \cos\varphi$	$B_c = Y \cdot \sin\varphi$
$Y = \frac{1}{Z}$		$G = \frac{1}{R}$	$B_c = \frac{1}{X_c}$

Zeichen	Bedeutung	Einheit
U	Elektrische Spannung	V
I	Scheinstrom, Gesamtstrom	A
I_w	Wirkstrom	A
I_c	Kapazitiver Blindstrom	A
Z	Scheinwiderstand	Ω
R	Wirkwiderstand, ohmscher Widerstand	Ω
X_c	Kapazitiver Blindwiderstand	Ω
Y	Scheinleitwert	S
G	Wirkleitwert	S
B_c	Kapazitiver Blindleitwert	S
$\cos\varphi$	Wirkleistungsfaktor	–
$\sin\varphi$	Blindleistungsfaktor	–
$\tan\varphi$	Verlustfaktor	–

12 Wechselstromkreis

alternating current circuit

Reihenschaltung von Wirkwiderstand, Induktivität und Kapazität

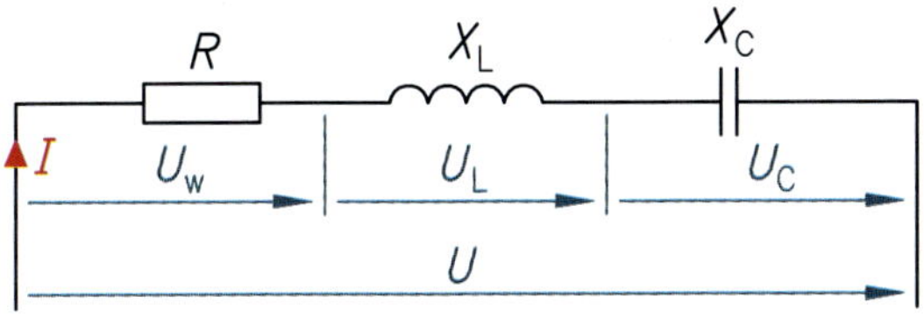

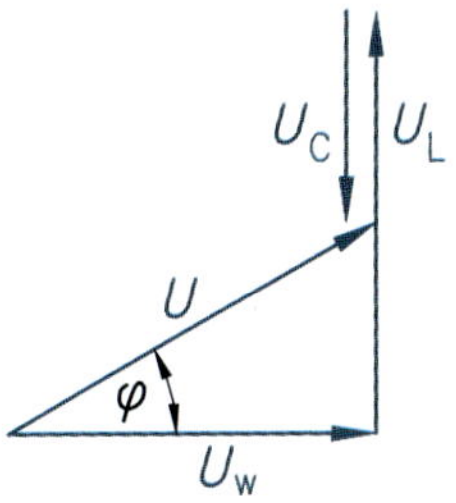

Spannungsdreieck

$$U^2 = U_w^2 + (U_L - U_C)^2 \qquad U = \sqrt{U_w^2 + (U_L - U_C)^2}$$

$$U_w = \sqrt{U^2 - (U_L - U_C)^2} \qquad U_L = U_C + \sqrt{U^2 - U_w^2}$$

$$\cos\varphi = \frac{U_w}{U} \qquad U = \frac{U_w}{\cos\varphi} \qquad U_w = U \cdot \cos\varphi$$

$$\sin\varphi = \frac{U_L - U_C}{U} \qquad \tan\varphi = \frac{U_L - U_C}{U_w}$$

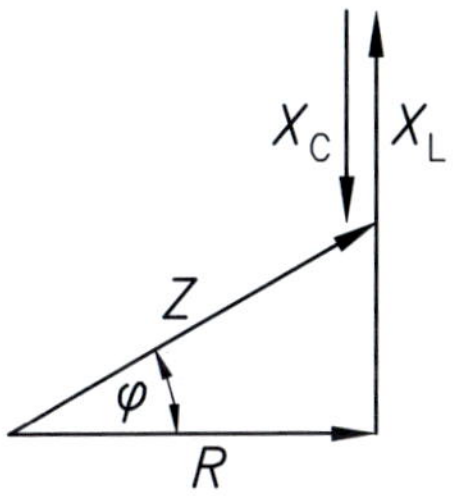

Widerstandsdreieck

$$Z^2 = R^2 + (X_L - X_C)^2 \qquad Z = \sqrt{R^2 + (X_L - X_C)^2}$$

$$R = \sqrt{Z^2 - (X_L - X_C)^2}$$

$$\cos\varphi = \frac{R}{Z} \qquad Z = \frac{R}{\cos\varphi} \qquad R = Z \cdot \cos\varphi$$

$$\sin\varphi = \frac{X_L - X_C}{Z} \qquad \tan\varphi = \frac{X_L - X_C}{R}$$

Zeichen	Bedeutung	Einheit
U	Elektrische Spannung	V
U_w	Wirkspannung	V
U_L	Blindspannung induktiv	V
U_C	Blindspannung kapazitiv	V
I	Scheinstrom, Gesamtstrom	A
Z	Scheinwiderstand	Ω
R	Wirkwiderstand	Ω
X_L	Induktiver Blindwiderstand	Ω
X_C	Kapazitiver Blindwiderstand	Ω
$\cos\varphi$	Wirkleistungsfaktor	–
$\sin\varphi$	Blindleistungsfaktor	–
$\tan\varphi$	Verlustfaktor	–

Parallelschaltung von Wirkwiderstand, Induktivität und Kapazität

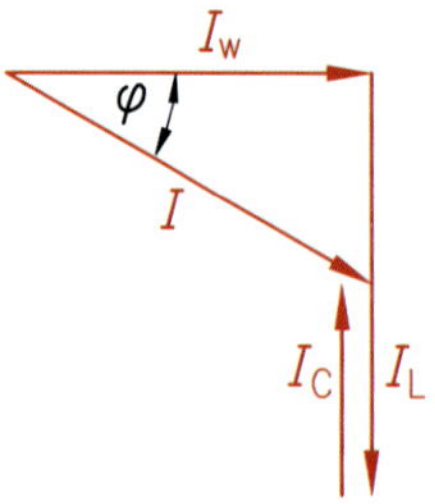

Stromdreieck

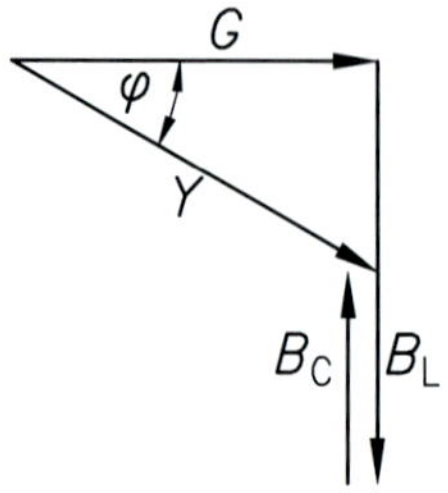

Leitwertdreieck

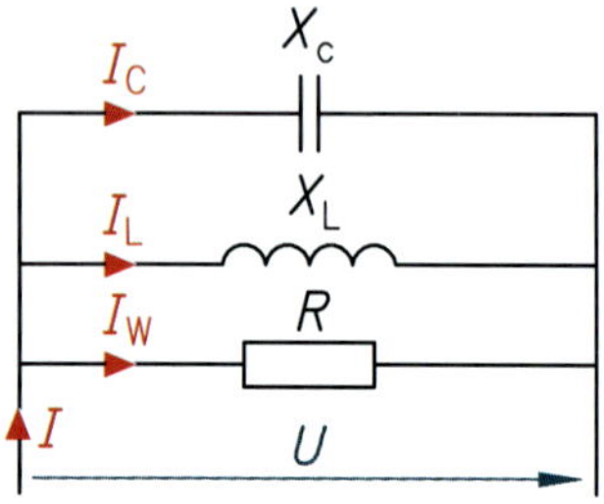

$$I^2 = I_W^2 + (I_L - I_C)^2 \qquad I = \sqrt{I_W^2 + (I_L - I_C)^2} \qquad I_W = \sqrt{I^2 - (I_L - I_C)^2}$$

$$I_L = \sqrt{I^2 - I_W^2} + I_C \qquad I_C = I_L - \sqrt{I^2 - I_W^2}$$

$$\cos\varphi = \frac{I_W}{I} \qquad I = \frac{I_W}{\cos\varphi} \qquad I_W = I \cdot \cos\varphi$$

$$\sin\varphi = \frac{I_L - I_C}{I} \qquad \tan\varphi = \frac{I_L - I_C}{I_W}$$

$$Y^2 = G^2 + (B_L - B_C)^2 \qquad Y = \frac{1}{Z} \qquad G = \frac{1}{R} \qquad B_L = \frac{1}{X_L} \qquad B_C = \frac{1}{X_C}$$

$$Z = \frac{U}{I} \qquad I = \frac{U}{Z} \qquad U = I \cdot Z$$

Zeichen	Bedeutung	Einheit
U	Elektrische Spannung	V
I	Scheinstrom, Gesamtstrom	A
I_W	Wirkstrom	A
I_L	Induktiver Blindstrom	A
I_C	Kapazitiver Blindstrom	A
Z	Scheinwiderstand	Ω
R	Wirkwiderstand	Ω
X_L	Induktiver Blindwiderstand	Ω
X_C	Kapazitiver Blindwiderstand	Ω
Y	Scheinleitwert	S
G	Wirkleitwert	S
B_L	Induktiver Blindleitwert	S
B_C	Kapazitiver Blindleitwert	S
cos φ	Wirkleistungsfaktor	–
sin φ	Blindleistungsfaktor	–
tan φ	Verlustfaktor	–

12.3 Elektrische Leistung und Arbeit im Wechselstromkreis

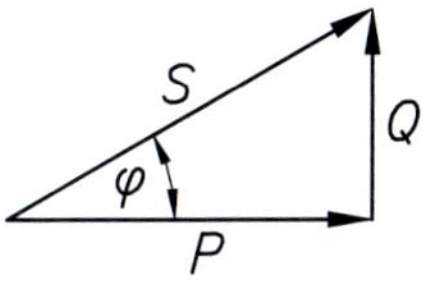

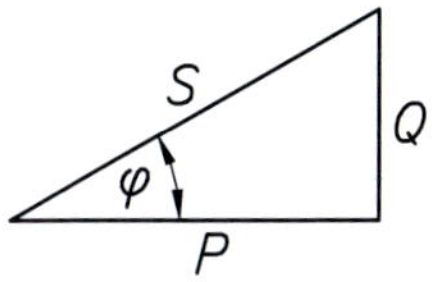

Zeigerdiagramm der Leistungen oder *Leistungsdreieck*

$S^2 = P^2 + Q^2$ $\quad S = \sqrt{P^2 + Q^2}$ $\quad S = \frac{P}{\cos\varphi}$ $\quad S = \frac{Q}{\sin\varphi}$

$S = U \cdot I$

$\cos\varphi = \frac{P}{S}$ $\quad \sin\varphi = \frac{Q}{S}$ $\quad \tan\varphi = \frac{Q}{P}$

$P = U \cdot I \cdot \cos\varphi$ $\quad P = S \cdot \cos\varphi$ $\quad P = \frac{Q}{\tan\varphi}$ $\quad P = \sqrt{S^2 - Q^2}$

$Q = U \cdot I \cdot \sin\varphi$ $\quad Q = S \cdot \sin\varphi$ $\quad Q = P \cdot \tan\varphi$ $\quad Q = \sqrt{S^2 - P^2}$

$W = P \cdot t$ $\quad W = U \cdot I \cdot \cos\varphi \cdot t$

$U = \frac{S}{I}$ $\quad U = \frac{P}{I \cdot \cos\varphi}$ $\quad U = \frac{Q}{I \cdot \sin\varphi}$

$U_w = U \cdot \cos\varphi$ $\quad U_b = U \cdot \sin\varphi$

$I = \frac{S}{U}$ $\quad I = \frac{P}{U \cdot \cos\varphi}$ $\quad I = \frac{Q}{U \cdot \sin\varphi}$

$I_w = I \cdot \cos\varphi$ $\quad I_b = I \cdot \sin\varphi$

Zeichen	Bedeutung	Einheit
S	Scheinleistung	VA
P	Wirkleistung	W
Q	Blindleistung	var
U	Elektrische Spannung	V
U_w	Wirkspannung	V
U_b	Blindspannung	V
I	Scheinstrom, Gesamtstrom	A
I_w	Wirkstrom	A
I_b	Blindstrom	A
W	Elektrische Arbeit	Wh
t	Zeit	h
$\sphericalangle\varphi$	Phasenverschiebungswinkel	°
$\cos\varphi$	Wirkleistungsfaktor	–
$\sin\varphi$	Blindleistungsfaktor	–
$\tan\varphi$	Verlustfaktor	–

12.4 Kompensation der induktiven Blindleistung

$$Q_C = P \cdot (\tan \varphi_1 - \tan \varphi_2)$$

$$\tan \varphi_1 = \frac{Q_L}{P}$$

$$Q_C = Q_L - Q$$

$$\tan \varphi_2 = \frac{Q}{P}$$

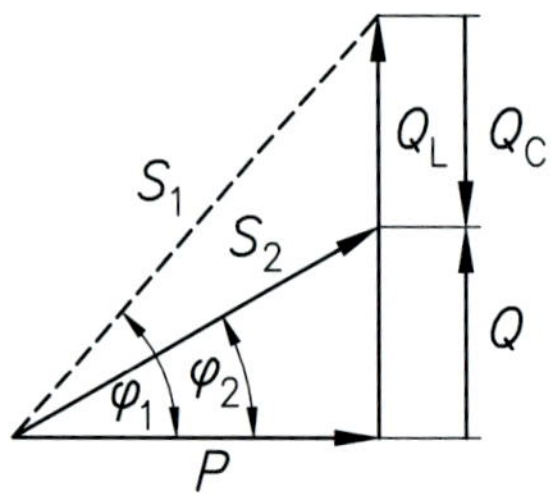

Bei Wechselstrom

$$C = \frac{Q_C}{U^2 \cdot \omega}$$

Näherungsformeln

Bei 230 V 50 Hz:
$C \approx 60\, Q_C$ (Q_C in kvar) in µF

Bei Drehstrom

je Strang in Δ-Schaltung

$$Q_{CStr} = \frac{Q_C}{3}$$

$$C_{Str} = \frac{Q_{CStr}}{U^2 \cdot \omega}$$

Näherungsformeln

400 V 50 Hz:
$C \approx 20\, Q_C$ (Q_C in kvar) in µF

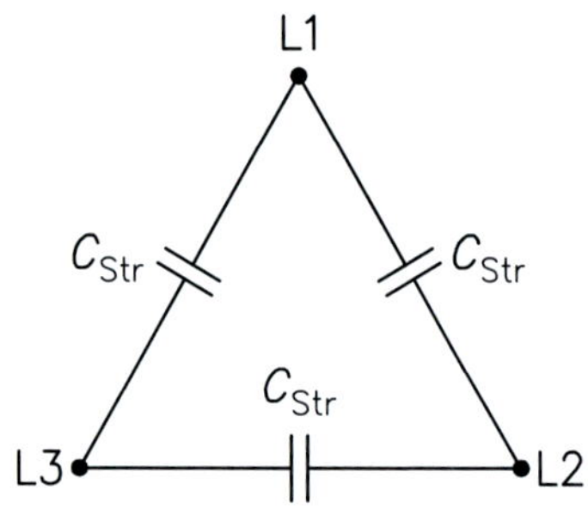

Zeichen	Bedeutung	Einheit
U	Elektrische Spannung	V
P	Aufgenommene Wirkleistung	W
Q_L	Induktive Blindleistung	var
Q_C	Kondensatorblindleistung	var
Q	Blindleistung nach der Kompensation	var
S_1	Scheinleistung vor der Kompensation	VA
S_2	Scheinleistung nach der Kompensation	VA
Q_{CStr}	Kapazitive Blindleistung je Strang	var
C_{Str}	Kondensatorkapazität je Strang	$F, \frac{A \cdot s}{V}, \frac{s}{\Omega}$
C	Kondensatorkapazität	$F, \frac{A \cdot s}{V}, \frac{s}{\Omega}$
$\sphericalangle\varphi_1$	Phasenverschiebungswinkel vor der Kompensation	°
$\sphericalangle\varphi_2$	Phasenverschiebungswinkel nach der Kompensation	°
ω	Kreisfrequenz	s^{-1}

12.5 Drehstrom (Dreiphasen-Wechselstrom)

Sternschaltung (symmetrisch-ohmsche Belastung)

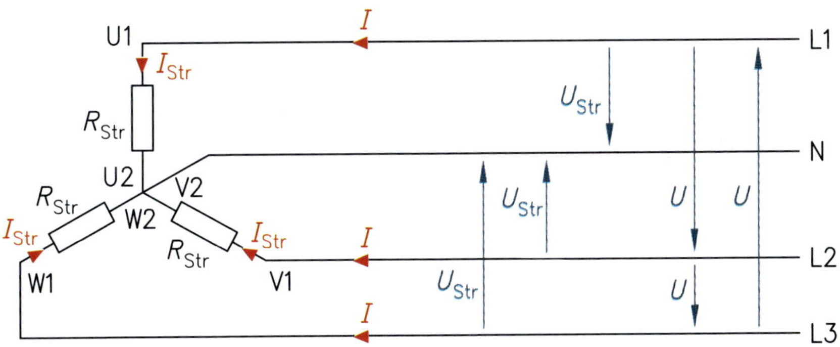

$$I = I_{Str}$$

$$U = \sqrt{3} \cdot U_{Str}$$

$$U_{Str} = \frac{U}{\sqrt{3}}$$

$$I_{Str} = \frac{U_{Str}}{R_{Str}}$$

$$U_{Str} = I_{Str} \cdot R_{Str}$$

$$R_{Str} = \frac{U_{Str}}{I_{Str}}$$

Dreieckschaltung (symmetrisch-ohmsche Belastung)

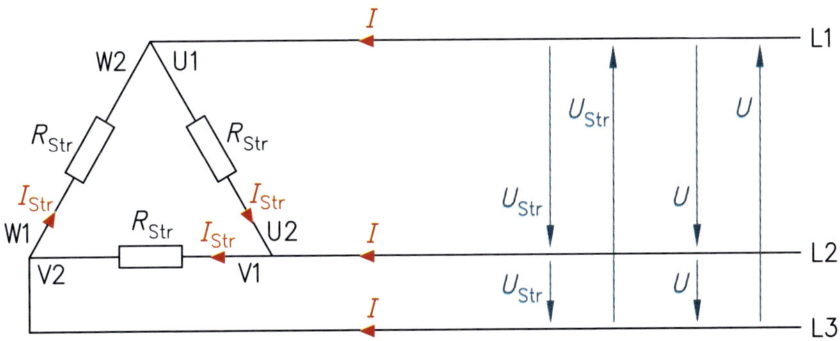

$$U = U_{Str}$$

$$I = \sqrt{3} \cdot I_{Str}$$

$$I_{Str} = \frac{I}{\sqrt{3}}$$

$$U_{Str} = I_{Str} \cdot R_{Str}$$

$$I_{Str} = \frac{U_{Str}}{R_{Str}}$$

$$R_{Str} = \frac{U_{Str}}{I_{Str}}$$

Zeichen	Bedeutung	Einheit
U	Außenleiterspannung	V
U_{Str}	Strangspannung	V
I	Außenleiterstrom	A
I_{Str}	Strangstrom	A
R_{Str}	Strangwiderstand	Ω

12.6 Arbeit und Leistung bei Drehstromverbrauchern

Bei cos φ = 1 und symmetrischer Last:

$P_{Str} = U_{Str} \cdot I_{Str}$ $\quad U_{Str} = \frac{P_{Str}}{I_{Str}}$ $\quad I_{Str} = \frac{P_{Str}}{U_{Str}}$ $\quad P = 3 \cdot U_{Str} \cdot I_{Str}$ $\quad P = 3 \cdot P_{Str}$

$P = \sqrt{3} \cdot U \cdot I$ $\quad U = \frac{P}{\sqrt{3} \cdot I}$ $\quad I = \frac{P}{\sqrt{3} \cdot U}$ $\quad W = P \cdot t$ $\quad W = \sqrt{3} \cdot U \cdot I \cdot t$

Bei cos φ ≠ 1 und symmetrischer Last:

$S = \sqrt{3} \cdot U \cdot I$ $\quad U = \frac{S}{\sqrt{3} \cdot I}$ $\quad I = \frac{S}{\sqrt{3} \cdot U}$

$S = \sqrt{P^2 + Q^2}$ $\quad S = \frac{P}{\cos \varphi}$ $\quad S = \frac{Q}{\sin \varphi}$

$P = \sqrt{3} \cdot U \cdot I \cdot \cos \varphi$ $\quad U = \frac{P}{\sqrt{3} \cdot I \cdot \cos \varphi}$ $\quad I = \frac{P}{\sqrt{3} \cdot U \cdot \cos \varphi}$ $\quad \cos \varphi = \frac{P}{\sqrt{3} \cdot U \cdot I}$

$P = S \cdot \cos \varphi$ $\quad P = \sqrt{S^2 - Q^2}$ $\quad \cos \varphi = \frac{P}{S}$

$Q = \sqrt{3} \cdot U \cdot I \cdot \sin \varphi$ $\quad U = \frac{Q}{\sqrt{3} \cdot I \cdot \sin \varphi}$ $\quad I = \frac{Q}{\sqrt{3} \cdot U \cdot \sin \varphi}$ $\quad \sin \varphi = \frac{Q}{\sqrt{3} \cdot U \cdot I}$

$Q = S \cdot \sin \varphi$ $\quad Q = \sqrt{S^2 - P^2}$ $\quad Q = P \cdot \tan \varphi$ $\quad \sin \varphi = \frac{Q}{S}$ $\quad \tan \varphi = \frac{Q}{P}$

$W = \sqrt{3} \cdot U \cdot I \cdot \cos \varphi \cdot t$ $\quad W = P \cdot t$

Bei unsymmetrischer Last: $P = P_{Str1} + P_{Str2} + P_{Str3}$

Zeichen	Bedeutung	Einheit
U U_{Str}	Außenleiterspannung Strangspannung	V
I I_{Str}	Außenleiterstrom Strangstrom	A
P P_{Str}	Wirkleistung Wirkleistung eines Stranges	W
S	Scheinleistung	VA
Q	Blindleistung	var
W	Elektrische Arbeit	Wh
t	Zeit	h
cos φ sin φ tan φ	Wirkleistungsfaktor Blindleistungsfaktor Verlustfaktor	–

13 Transformatoren

transformers

Leerlaufspannung

$U_0 = 4{,}44 \cdot f \cdot N \cdot \hat{\Phi}$ **Transformatorenhauptgleichung**

$U_0 = 4{,}44 \cdot \hat{B} \cdot A \cdot f \cdot N$

Übersetzungsverhältnis

$\frac{U_1}{U_2} \approx \frac{N_1}{N_2}$ $N_1 \approx \frac{U_1 \cdot N_2}{U_2}$ $N_2 \approx \frac{U_2 \cdot N_1}{U_1}$ $U_1 \approx \frac{N_1 \cdot U_2}{N_2}$ $U_2 \approx \frac{N_2 \cdot U_1}{N_1}$

$\frac{I_1}{I_2} \approx \frac{N_2}{N_1}$ $N_1 \approx \frac{I_2 \cdot N_2}{I_1}$ $N_2 \approx \frac{I_1 \cdot N_1}{I_2}$ $I_1 \approx \frac{N_2 \cdot I_2}{N_1}$ $I_2 \approx \frac{N_1 \cdot I_1}{N_2}$

$\frac{I_1}{I_2} \approx \frac{U_2}{U_1}$ $U_1 \approx \frac{I_2 \cdot U_2}{I_1}$ $U_2 \approx \frac{I_1 \cdot U_1}{I_2}$ $I_1 \approx \frac{U_2 \cdot I_2}{U_1}$ $I_2 \approx \frac{U_1 \cdot I_1}{U_2}$

$ü = \frac{N_1}{N_2}$ $ü = \frac{U_1}{U_2}$ $ü = \frac{I_2}{I_1}$ $\frac{N_1}{N_2} = \sqrt{\frac{Z_1}{Z_2}} = ü$

Relative Kurzschlussspannung

$u_k = \frac{U_k}{U_1} \cdot 100\ \%$

Kurzschlussstrom

$I_{kd} = \frac{I \cdot 100\ \%}{u_k}$ $I_S = 2{,}54 \cdot I_{kd}$

Transformatorleistung

Einphasenwechselstrom

$P_1 = U_1 \cdot I_1 \cdot \cos\varphi_1$ $P_2 = U_2 \cdot I_2 \cdot \cos\varphi_2$ $S = U_2 \cdot I_2$

Drehstrom

$P_1 = \sqrt{3} \cdot U_1 \cdot I_1 \cdot \cos\varphi_1$ $P_2 = \sqrt{3} \cdot U_2 \cdot I_2 \cdot \cos\varphi_2$ $S = \sqrt{3} \cdot U_2 \cdot I_2$

Wirkungsgrad

$P_2 = P_1 - P_{VCu} - P_{VFe}$ $P_1 = P_2 + P_{VCu} + P_{VFe}$ $P_V = P_{VCu} + P_{VFe}$

$\eta = \frac{P_2}{P_1}$ $\eta = \frac{P_2}{P_2 + P_{VCu} + P_{VFe}}$ $\eta = \frac{P_2}{P_2 + P_V}$

13 Transformatoren
transformers

Zeichen	Bedeutung	Einheit
U_0	Leerlaufspannung	V
U_1	Eingangsspannung	V
U_2	Ausgangsspannung	V
U_k	Gemessene Kurzschlussspannung	V
u_k	Relative Kurzschlussspannung	%
ü	Übersetzungsverhältnis	–
I	Bemessungsstrom	A
I_1	Eingangsstrom	A
I_2	Ausgangsstrom	A
I_{kd}	Dauerkurzschlussstrom	A
I_S	Höchstmöglicher Stoßkurzschlussstrom	A
Z_1	Wechselstromwiderstand der Eingangsseite	Ω
Z_2	Wechselstromwiderstand der Ausgangsseite	Ω
P_1	Zugeführte Wirkleistung	W
P_2	Abgegebene Wirkleistung	W
P_V	Verlustleistung	W
P_{VCu}	Kupferverluste	W
P_{VFe}	Eisenverluste	W
S	Bemessungsleistung, Scheinleistung, Typenleistung	VA
N_1	Windungszahl der Eingangsseite	–
N_2	Windungszahl der Ausgangsseite	–
f	Frequenz	Hz (s^{-1})
N	Windungszahl	–
$\hat{\Phi}$	Magnetischer Fluss	Vs
η	Wirkungsgrad	–
$\cos \varphi_1$	Wirkleistungsfaktor der Eingangsseite	–
$\cos \varphi_2$	Wirkleistungsfaktor der Ausgangsseite	–
$\hat{B}$	Magnetische Flussdichte	$\frac{Vs}{m^2}$

14 Elektrische Maschinen

electrical engines

14.1 Einphasen-Wechselstrommotoren

$$S = U \cdot I \qquad U = \frac{S}{I} \qquad I = \frac{S}{U}$$

$$P_{zu} = U \cdot I \cdot \cos\varphi \qquad U = \frac{P_{zu}}{I \cdot \cos\varphi} \qquad I = \frac{P_{zu}}{U \cdot \cos\varphi} \qquad \cos\varphi = \frac{P_{zu}}{U \cdot I}$$

$$P_{zu} = S \cdot \cos\varphi \qquad S = \frac{P_{zu}}{\cos\varphi} \qquad \cos\varphi = \frac{P_{zu}}{S}$$

$$P_{ab} = U \cdot I \cdot \cos\varphi \cdot \eta \qquad U = \frac{P_{ab}}{I \cdot \cos\varphi \cdot \eta} \qquad I = \frac{P_{ab}}{U \cdot \cos\varphi \cdot \eta} \qquad \cos\varphi = \frac{P_{ab}}{U \cdot I \cdot \eta}$$

$$Q = U \cdot I \cdot \sin\varphi \qquad Q = S \cdot \sin\varphi \qquad S = \frac{Q}{\sin\varphi} \qquad \sin\varphi = \frac{Q}{S}$$

$$Q = P_{zu} \cdot \tan\varphi \qquad P_{zu} = \frac{Q}{\tan\varphi} \qquad \tan\varphi = \frac{Q}{P_{zu}}$$

$$\eta = \frac{P_{ab}}{P_{zu}} \qquad P_{ab} = P_{zu} \cdot \eta \qquad P_{zu} = \frac{P_{ab}}{\eta} \qquad \eta = \frac{P_{ab}}{U \cdot I \cdot \cos\varphi}$$

Zeichen	Bedeutung	Einheit
U	Bemessungsspannung	V
I	Bemessungsstrom	A
S	Scheinleistung	VA
P_{zu}	Zugeführte Leistung	W
P_{ab}	Abgegebene Leistung, Bemessungsleistung	W
Q	Blindleistung	var
$\cos\varphi$	Wirkleistungsfaktor	–
$\sin\varphi$	Blindleistungsfaktor	–
$\tan\varphi$	Verlustfaktor	–
η	Wirkungsgrad	–

14.2 Drehstrommotoren

$$S = \sqrt{3} \cdot U \cdot I \qquad U = \frac{S}{\sqrt{3} \cdot I} \qquad I = \frac{S}{\sqrt{3} \cdot U}$$

$$P_{zu} = \sqrt{3} \cdot U \cdot I \cdot \cos\varphi \qquad U = \frac{P_{zu}}{\sqrt{3} \cdot I \cdot \cos\varphi} \qquad I = \frac{P_{zu}}{\sqrt{3} \cdot U \cdot \cos\varphi} \qquad \cos\varphi = \frac{P_{zu}}{\sqrt{3} \cdot U \cdot I}$$

$$P_{zu} = S \cdot \cos\varphi \qquad S = \frac{P_{zu}}{\cos\varphi} \qquad \cos\varphi = \frac{P_{zu}}{S}$$

$$P_{ab} = \sqrt{3} \cdot U \cdot I \cdot \cos\varphi \cdot \eta \qquad U = \frac{P_{ab}}{\sqrt{3} \cdot I \cdot \cos\varphi \cdot \eta} \qquad I = \frac{P_{ab}}{\sqrt{3} \cdot U \cdot \cos\varphi \cdot \eta} \qquad \cos\varphi = \frac{P_{ab}}{\sqrt{3} \cdot U \cdot I \cdot \eta}$$

$$Q = \sqrt{3} \cdot U \cdot I \cdot \sin\varphi \qquad Q = S \cdot \sin\varphi \qquad S = \frac{Q}{\sin\varphi} \qquad \sin\varphi = \frac{Q}{S}$$

$$Q = P_{zu} \cdot \tan\varphi \qquad P_{zu} = \frac{Q}{\tan\varphi} \qquad \tan\varphi = \frac{Q}{P_{zu}}$$

$$\eta = \frac{P_{ab}}{P_{zu}} \qquad P_{ab} = P_{zu} \cdot \eta \qquad P_{zu} = \frac{P_{ab}}{\eta} \qquad \eta = \frac{P_{ab}}{\sqrt{3} \cdot U \cdot I \cdot \cos\varphi}$$

$$s = \frac{n_s - n}{n_s} \cdot 100\,\% \qquad n_s = \frac{f \cdot 60}{p} \qquad n = n_s - \frac{n_s \cdot s}{100\,\%} \qquad f_r = f - \frac{f \cdot n}{n_s} \qquad f_r = \frac{f \cdot s}{100\,\%}$$

Zeichen	Bedeutung	Einheit
U	Bemessungsspannung	V
I	Bemessungsstrom	A
S	Scheinleistung	VA
P_{zu}	Zugeführte Leistung	W
P_{ab}	Abgegebene Leistung, Bemessungsleistung	W
Q	Blindleistung	var
$\cos\varphi$	Wirkleistungsfaktor	–
$\sin\varphi$	Blindleistungsfaktor	–
$\tan\varphi$	Verlustfaktor	–
η	Wirkungsgrad	–
s	Schlupf	%
n	Läuferumdrehungsfrequenz	1/min
n_s	Synchrone Umdrehungsfrequenz, Feldumdrehungsfrequenz	1/min
f	Frequenz	Hz, s^{-1}
f_r	Rotationsfrequenz	Hz, s^{-1}
p	Polpaarzahl	–

14.3 Gleichstrommotoren

Fremderregter Gleichstrommotor

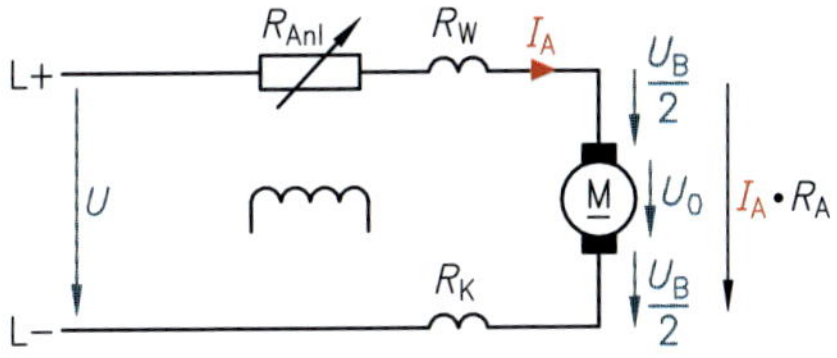

$$U = U_0 + I_A(R_A + R_W + R_K) + U_B$$

$$R_{Anl} = \frac{U - U_B}{I_{Anl}} - R_A - R_W - R_K$$

Gleichstrom-Nebenschlussmotor

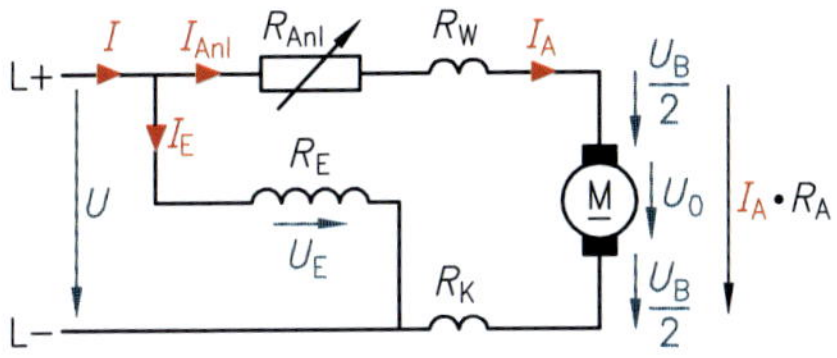

$$U = U_0 + I_A(R_A + R_W + R_K) + U_B$$

$$R_{Anl} = \frac{U - U_B}{I_{Anl}} - R_A - R_W - R_K$$

$I_{Anl} = I - I_E$

Gleichstrom-Reihenschlussmotor

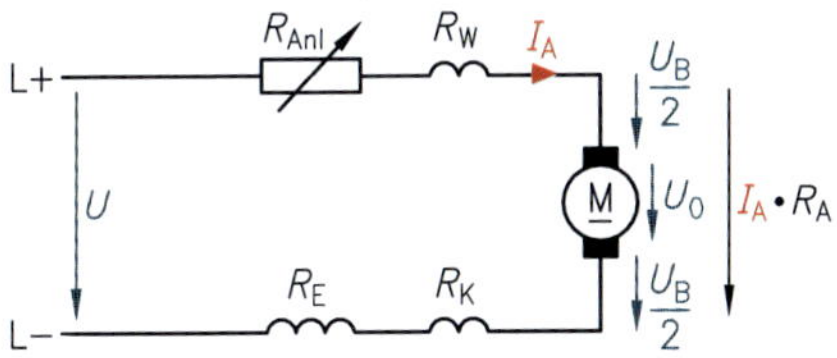

$$U = U_0 + I_A(R_A + R_W + R_K + R_E) + U_B$$

$$R_{Anl} = \frac{U - U_B}{I_{Anl}} - R_A - R_W - R_K - R_E$$

Leistung und Wirkungsgrad

$P_{zu} = U \cdot I$

$P_{ab} = U \cdot I \cdot \eta$

$\eta = P_{ab}/P_{zu}$

Zeichen	Bedeutung	Einheit
U	Netzspannung, Bemessungsspannung	V
U_0	Induzierte Spannung	V
U_B	Summe der Bürstenspannungen	V
I	Gesamtstrom der Maschine, Bemessungsstrom	A
I_{Anl}*	Anlass-Spitzenstrom	A
I_A, I_E	Ankerstrom, Erregerstrom	A
R_A, R_{Anl}	Ankerwiderstand, Anlasswiderstand	Ω
R_E	Widerstand der Erregerwicklung	Ω
R_K**, R_W**	Widerstand der Kompensationswicklung, Widerstand der Wendepolwicklung	Ω
P_{ab}, P_{zu}	Abgegebene Leistung, Bemessungsleistung, Zugeführte Leistung	W
η	Wirkungsgrad	–

Hinweis: * $I_{Anl} = 1{,}5\ I_A$; ** Bei nicht vorhandener Wendepol- bzw. Kompensationswicklung wird der Widerstand $R_W = 0\ \Omega$ bzw. $R_K = 0\ \Omega$ gesetzt.

14.4 Schrittmotor

Schrittmotor, bipolar

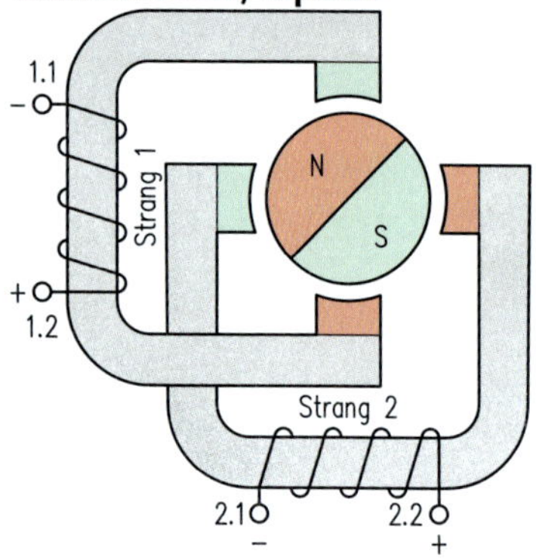

Taktfolge für einen Zweistrang-Schrittmotor

Schritt-Nr. bei Rechtslauf	Strang 1 Anschluss		Strang 2 Anschluss	
	1.1	1.2	2.1	2.2
0 ≙ 4	−	+	−	+
$\frac{1}{2}$	−	+	0	0
1	−	+	+	−
$1\frac{1}{2}$	0	0	+	−
2	+	−	+	−
$2\frac{1}{2}$	+	−	0	0
3	+	−	−	+
$3\frac{1}{2}$	0	0	−	+
4 ≙ 0	−	+	−	+

Anmerkungen:

Bei Vollschrittbetrieb werden die Takte mit den Halbschritten weggelassen.

Bei Linkslauf mit Takt 4 beginnen und von unten nach oben zählen.

Vollschrittbetrieb:

$$z_v = 2p \cdot m \qquad p = \frac{z_v}{2 \cdot m} \qquad m = \frac{z_v}{2 \cdot p}$$

$$\alpha_v = \frac{360°}{2p \cdot m} \qquad \alpha_v = \frac{360°}{z_v} \qquad z = \frac{360°}{\alpha_v}$$

$$n_v = \frac{f_z}{2p \cdot m} \qquad n_v = \frac{f_z}{z_v} \qquad f_z = n_v \cdot z_v$$

Halbschrittbetrieb:

$$z_h = 4 \cdot p \cdot m \qquad p = \frac{z_h}{4 \cdot m} \qquad m = \frac{z_h}{4 \cdot p}$$

$$n_h = \frac{f_z}{2 \cdot 2p \cdot m} \qquad n_h = \frac{f_z}{4 \cdot p \cdot m} \qquad n_h = \frac{f_z}{z_h} \qquad z_h = \frac{f_z}{n_h} \qquad f_z = z_h \cdot n_h$$

$$\alpha_h = \frac{180°}{2p \cdot m} \qquad \alpha_h = \frac{360°}{4 \cdot p \cdot m} \qquad \alpha_h = \frac{360°}{z_h} \qquad z_h = \frac{360°}{\alpha_h}$$

Zeichen	Bedeutung	Einheit
α_v/α_h	Schrittwinkel, Vollschritt-/Halbschrittbetrieb	°
f_z	Schrittfrequenz, Impulsfrequenz	1/s
m	Anzahl der Wicklungsstränge, Strangzahl, Phasenzahl	–
n_v/n_h	Drehzahl, Umdrehungsfrequenz bei Vollschritt/Halbschritt	1/s
p	Polpaarzahl des Rotors	–
$2p$	Anzahl der Pole des Rotors	–
z_v/z_h	Anzahl der Schritte pro Umdrehung bei Vollschritt-/Halbschrittbetrieb	–

15.1 Diode an Gleichspannung

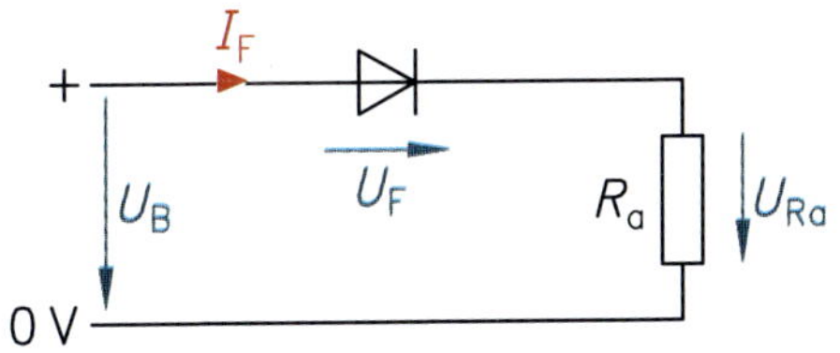

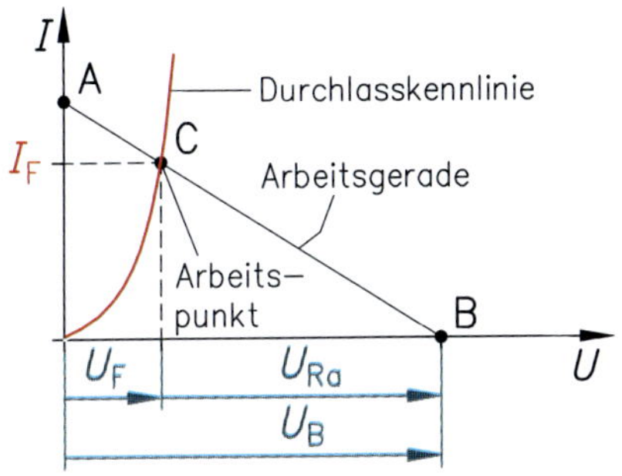

$P_v = U_F \cdot I_F$ $\qquad$ $P_{tot} = U_F \cdot I_{Fmax}$

$$P_{Ra} = (U_B - U_F) \cdot I_F$$

$$R_a = \frac{U_B - U_F}{I_F}$$

$$U_{Ra} = U_B - U_F$$

Ermittlung der Arbeitsgeraden:

A: $I = \frac{U_B}{R_a}$

B: $U = U_B$

C: Arbeitspunkt für Reihenschaltung aus Diode und Widerstand (I_F, U_F)

$R_F = \frac{U_F}{I_F}$ $\qquad$ $r_f = \frac{\Delta U_F}{\Delta I_F}$

Zeichen	Bedeutung	Einheit
U_B	Betriebsspannung	V
U_F	Durchlassspannung	V
U_{Ra}	Spannung am Lastwiderstand	V
ΔU_F	Spannungsänderung in Durchlassrichtung	V
R_a	Arbeitswiderstand	Ω
R_F	Widerstand in Durchlassrichtung	Ω
I_F	Strom in Durchlassrichtung	A
I_{Fmax}	Maximal zulässiger Strom in Durchlassrichtung	A
ΔI_F	Laststromänderung in Durchlassrichtung	A
r_f	Differenzieller Widerstand in Durchlassrichtung	Ω
P_V	Verlustleistung	W
P_{tot}	Maximal zulässige Verlustleistung	W
P_{Ra}	Leistung des Lastwiderstandes	W
I	Strom	A
U	Spannung	V

15.2 Transistorschaltungen

Transistorgrößen

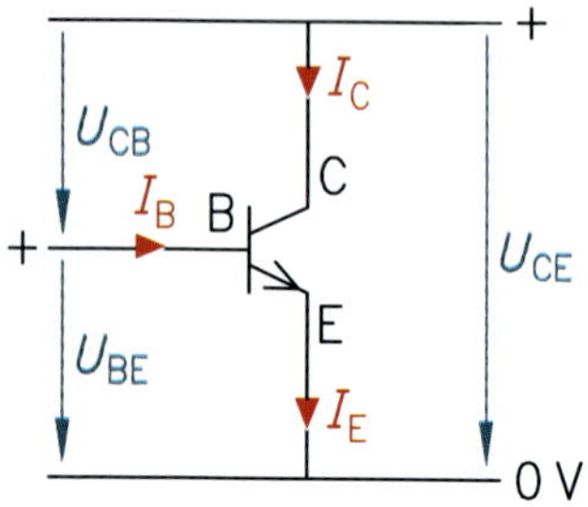

NPN-Transistor

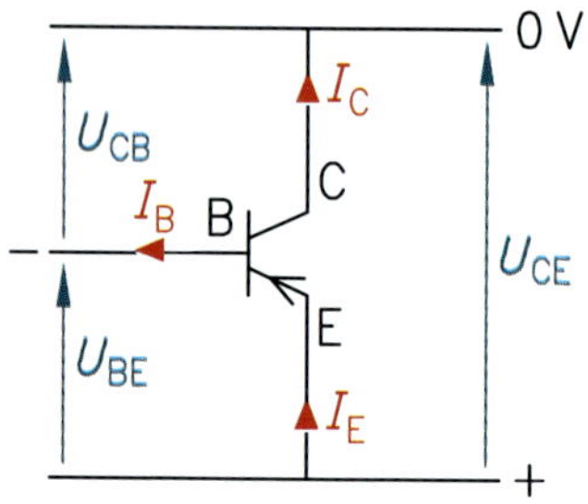

PNP-Transistor

$$U_{CE} = U_{CB} + U_{BE}$$

$$I_E = I_C + I_B$$

$$B = \frac{I_C}{I_B} \qquad I_C = B \cdot I_B$$

$$P_{tot} = U_{CE} \cdot I_C + U_{BE} \cdot I_B$$

$$P_{tot} \approx U_{CE} \cdot I_C$$

Transistor als Schalter

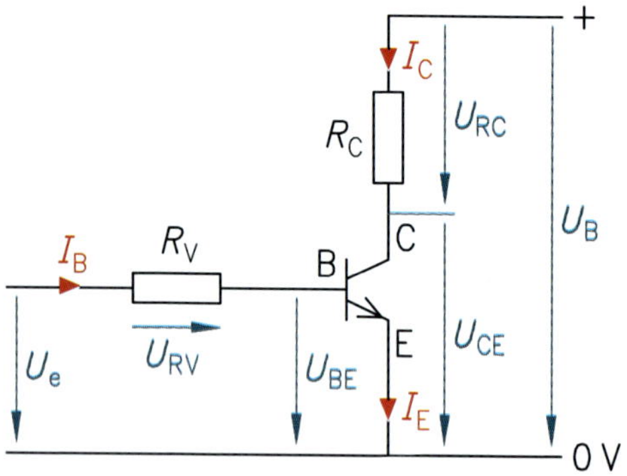

$$R_C = \frac{U_{RC}}{I_C}$$

$$I_E = I_C + I_B \qquad I_E \approx I_C$$

$$R_V = \frac{U_e - U_{BE}}{I_B}$$

$$I_C = B \cdot I_B$$

$$P = U_{RC} \cdot I_C \qquad P \approx U_B \cdot I_C$$

$$P_V \approx U_{CE} \cdot I_C$$

Damit sicher geschaltet wird, ist eine Übersteuerung üblich: $I_B = (1 \dots 3) \cdot I_B$

Zeichen	Bedeutung	Einheit
U_B	Betriebsspannung	V
U_{RC}	Spannung am Kollektorwiderstand	V
U_{CE}	Kollektor-Emitter-Spannung	V
U_{CB}	Kollektor-Basis-Spannung	V
U_{BE}	Basis-Emitter-Spannung	V
U_e	Eingangsspannung	V
I_C	Kollektorstrom	A
I_B	Basisstrom	A
I_E	Emitterstrom	A
R_C	Kollektorwiderstand, Lastwiderstand	Ω
R_v	Basisvorwiderstand	Ω
P	Schaltleistung	W
P_v	Transistorverlustleistung	W
P_{tot}	Maximal zulässige Verlustleistung	W
B	Stromverstärkungsfaktor	–

Emitterschaltung

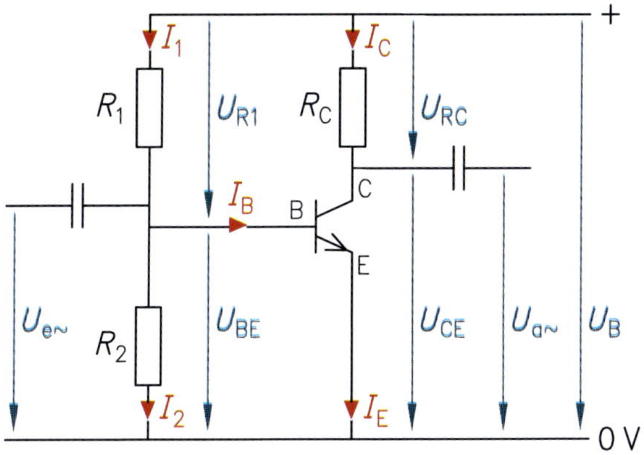

$U_{RC} = I_C \cdot R_C$

$I_C = B \cdot I_B$

$I_2 = (5 \ldots 10) \cdot I_B$

$R_2 = \dfrac{U_{BE}}{I_2}$

$R_1 = \dfrac{U_B - U_{BE}}{I_1}$

$U_{CE} = U_B - U_{RC}$

$I_E = I_B + I_C$

$R_1 = \dfrac{U_B - U_{BE}}{I_B + I_2}$

Arbeitspunktstabilisierung durch Emitterwiderstand (Stromgegenkopplung)

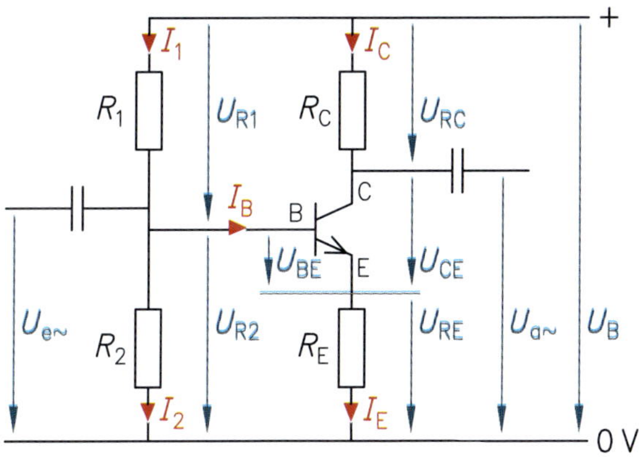

$U_{RC} = U_B - U_{CE} - U_{RE}$

$U_{CE} = U_B - U_{RC} - U_{RE}$

$R_L = R_C + R_E$

für Betrieb im Arbeitspunkt A:

$U_{CE} \approx \dfrac{1}{2} U_B$

$R_C = \dfrac{U_{RC}}{I_{C(A)}}$

$R_C = \dfrac{U_B - U_{CE} - U_{RE}}{I_{C(A)}}$

$R_E = \dfrac{U_{RE}}{I_B + I_C}$

$U_{RE} \approx 0{,}1 \cdot U_B$

$R_E \approx 0{,}1 \cdot R_C$

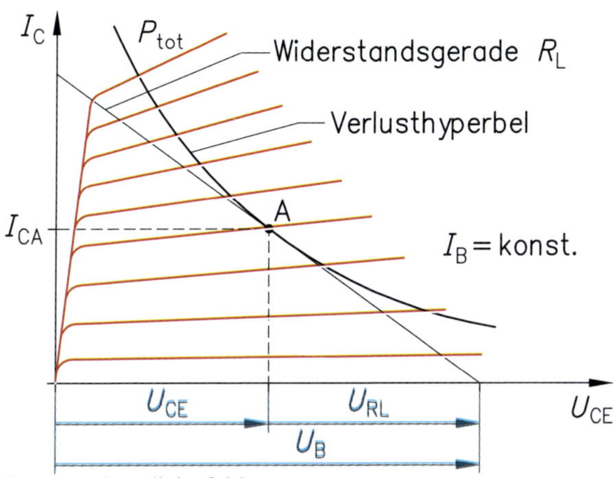

Ausgangskennlinienfeld

$I_C = B \cdot I_B$

$I_E = I_C + I_B$

$I_E \approx I_C$

$I_2 = (5 \ldots 10 \cdot I_B)$

$q = \dfrac{I_2}{I_B}$

$I_1 = I_2 + I_B$

$R_2 = \dfrac{U_{BE} + U_{RE}}{I_2}$

$R_1 = \dfrac{U_{R1}}{I_1}$

$R_1 = \dfrac{U_B - U_{BE} - U_{RE}}{I_2 + I_B}$

$P_{tot} = U_{CE} \cdot I_C + U_{BE} \cdot I_B$

$P_{tot} \approx U_{CE} \cdot I_C$

Arbeitspunktstabilisierung durch Spannungsgegenkopplung

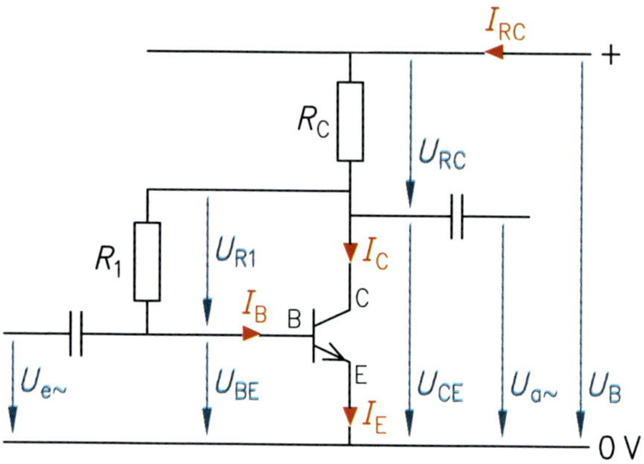

$U_{RC} \geq 0{,}2 \cdot U_B$

$I_{RC} = I_C + I_B$

$U_{R1} = U_{CE} - U_{BE}$

$R_1 = \frac{U_{R1}}{I_B}$ $\qquad R_1 = \frac{U_B - U_{RC} - U_{BE}}{I_B}$

$I_B = \frac{U_{R1}}{R_1}$

Zeichen	Bedeutung	Einheit
U_B	Betriebsspannung	V
U_{CE}	Kollektor-Emitter-Spannung	V
U_{BE}	Basis-Emitter-Spannung	V
U_{RC}	Spannung am Kollektorwiderstand	V
U_{RE}	Spannung am Emitterwiderstand	V
U_{R1}, U_{R2}	Spannungen am Spannungsteiler	V
$U_{e\sim}$	Eingangsspannung	V
$U_{a\sim}$	Ausgangsspannung	V
I_C	Kollektorstrom	A
$I_{C(A)}$	Kollektorstrom im Arbeitspunkt	A
I_{RC}	Strom im Kollektorwiderstand	A
I_B	Basisstrom	A
I_E	Emitterstrom	A
I_1, I_2	Ströme im Spannungsteiler	A
R_C	Kollektorwiderstand	Ω
R_L	Lastwiderstand	Ω
R_E	Emitterwiderstand	Ω
R_1, R_2	Spannungsteilerwiderstände	Ω
q	Querstromverhältnis	–
B	Stromverstärkungsfaktor	–
P_{tot}	Maximal zulässige Verlustleistung	W

15.3 Spannungsstabilisierung

Spannungsstabilisierung mit Z-Diode

1. unbelastet

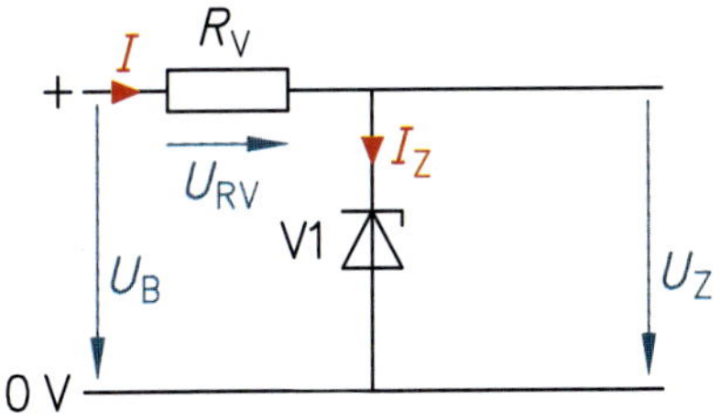

2. belastet

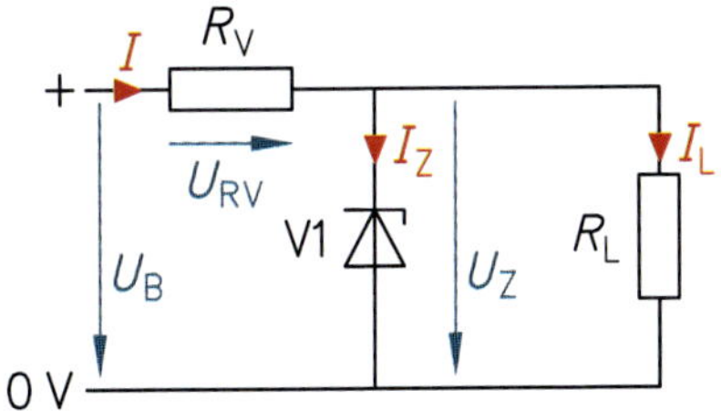

$I = I_Z$ $\quad I = \frac{U_{Rv}}{R_V}$

$U_B = U_Z + U_{Rv}$

$R_V = \frac{U_{Rv}}{I}$

$P_V = U_Z \cdot I_Z$ $\quad P_{tot} = U_Z \cdot I_{Zmax}$

$r_z = \frac{\Delta U_Z}{\Delta I_Z}$

$I = \frac{U_B - U_Z}{R_V}$ $\quad U_B = U_Z + U_{Rv}$ $\quad U_{Rv} = I \cdot R_V$

$I = I_Z + I_L$ $\quad I = \frac{U_{Rv}}{R_V}$ $\quad I = \frac{U_B - U_Z}{R_V}$

$I_L = \frac{U_Z}{R_L}$ $\quad I_L = \frac{U_B - U_Z}{R_V} - I_Z$ $\quad I_{Zmin} \approx 0{,}1 \cdot I_{Zmax}$

$R_V = \frac{U_{Rv}}{I}$ $\quad R_V = \frac{U_{Rv}}{I_L + I_Z}$ $\quad R_V = \frac{U_B - U_Z}{I}$

$R_{vmin} = \frac{U_{Bmax} - U_Z}{I_{zmax} + I_{Lmin}}$ $\quad R_{vmax} = \frac{U_{Bmin} - U_Z}{I_{Zmin} + I_{Lmax}}$

Spannungsstabilisierung mit Längstransistor

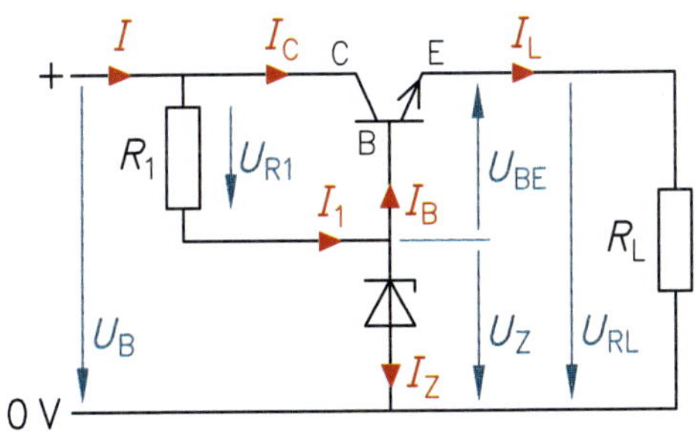

$I_1 = I_B + I_Z$

$I_L = I_E = I_B + I_C$

$I_L = \frac{U_{RL}}{R_L}$ $\quad U_{RL} = I_L \cdot R_L$ $\quad U_{RL} = U_Z - U_{BE}$

$I = I_C + I_1$ $\quad I_C = B \cdot I_B$ $\quad U_{R1} = U_B - U_Z$

$R_1 = \frac{U_{R1}}{I_1}$ $\quad R_1 = \frac{U_B - U_Z}{I_B + I_Z}$

Zeichen	Bedeutung	Einheit
U_B	Betriebsspannung	V
U_{RV}	Spannung am Vorwiderstand	V
U_Z	Z-Spannung	V
U_{Bmax}	Höchstwert der Betriebsspannung	V
U_{Bmin}	Mindestwert der Betriebsspannung	V
U_{BE}	Basis-Emitter-Spannung	V
U_{R1}	Spannung am Vorwiderstand	V
U_{RL}	Spannung am Lastwiderstand	V
ΔU_z	Differenz der Z-Spannung	V
I	Gesamtstromstärke	A
I_Z	Z-Strom	A
I_L	Laststrom	A
I_{Lmax}	Höchstwert des Laststromes	A
I_{Lmin}	Mindestwert des Laststromes	A
I_1	Strom durch den Vorwiderstand	A
I_{Zmax}	Höchstwert des Z-Stromes	A
I_{Zmin}	Mindestwert des Z-Stromes	A
I_B	Basisstrom	A
I_C	Kollektorstrom	A
I_E	Emitterstrom	A
ΔI_z	Differenz des Z-Stromes	A
R_1	Vorwiderstand	Ω
R_L	Lastwiderstand	Ω
R_V	Vorwiderstand	Ω
R_{vmax}	Höchstwert des Vorwiderstandes	Ω
R_{vmin}	Mindestwert des Vorwiderstandes	Ω
r_z	Differenzieller Widerstand der Z-Diode	Ω
P_V	Verlustleistung	W
P_{tot}	Maximal zulässige Verlustleistung	W
B	Stromverstärkungsfaktor	–

15.4 Operationsverstärker – Grundschaltungen

Invertierender Verstärker

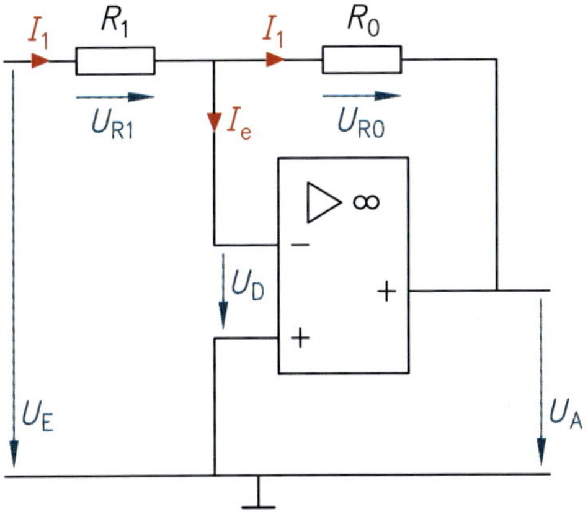

$I_e \approx 0$ $\quad$ $U_D \approx 0$

$U_E = U_{R1}$ $\quad$ $U_A = -U_{R0}$

$$V_U = -\frac{U_A}{U_E} = \frac{U_{R0}}{U_{R1}} = \frac{R_0}{R_1}$$

$$U_A = -\frac{R_0}{R_1} \cdot U_E$$

Nicht invertierender Verstärker

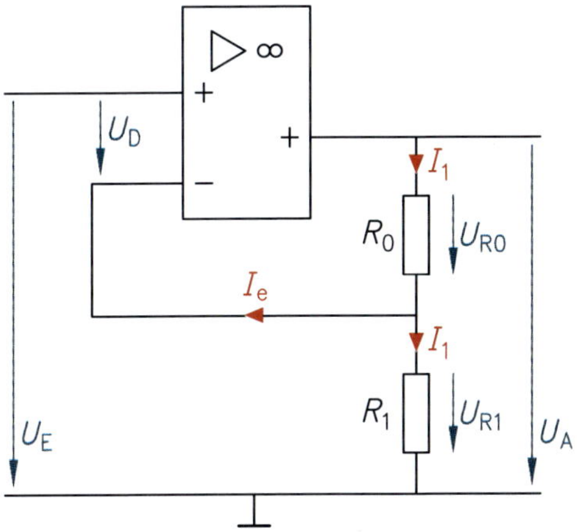

$I_e \approx 0$ $\quad$ $U_D \approx 0$

$U_E = U_{R1}$ $\quad$ $U_A = U_{R0} + U_{R1}$

$$V_U = \frac{U_A}{U_E} = \frac{U_{R0} + U_{R1}}{U_{R1}} = \frac{U_{R0}}{U_{R1}} + 1$$

$$\frac{U_{R0}}{U_{R1}} = \frac{R_0}{R_1} \qquad V_U = \frac{R_0}{R_1} + 1$$

$$U_A = \left(\frac{R_0}{R_1} + 1\right) U_E$$

Summierverstärker (Addierer)

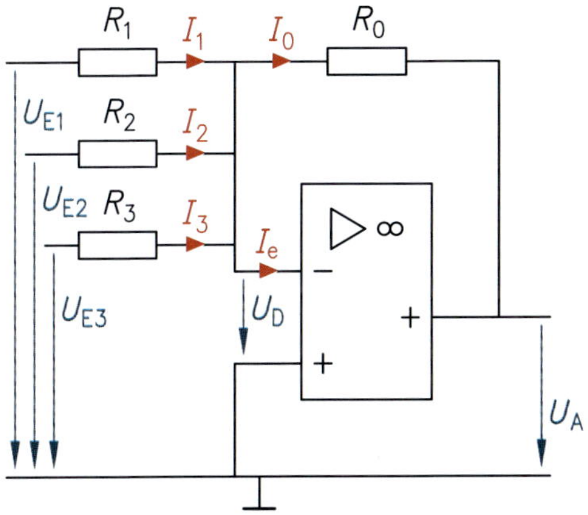

$$I_1 = \frac{U_{E1}}{R_1} \qquad I_0 = \frac{U_A}{R_0}$$

$$I_2 = \frac{U_{E2}}{R_2} \qquad I_e \approx 0$$

$$I_3 = \frac{U_{E3}}{R_3} \qquad U_D \approx 0$$

$$I_0 = I_1 + I_2 + I_3$$

$$-\frac{U_A}{R_0} = \frac{U_{E1}}{R_1} + \frac{U_{E2}}{R_2} + \frac{U_{E3}}{R_3}$$

$$U_A = -R_0\left(\frac{U_{E1}}{R_1} + \frac{U_{E2}}{R_2} + \frac{U_{E3}}{R_3}\right)$$

Zeichen	Bedeutung	Einheit
U_E, U_{E1}	Eingangsspannungen	V
U_{E2}, U_{E3}	Eingangsspannungen	V
U_D	Spannung am Differenzeingang	V
U_{R1}, U_{R0}	Spannung am Eingangswiderstand, Spannung am Rückkopplungswiderstand	V
U_A	Ausgangsspannung	V
V_U	Spannungsverstärkung	–
I_1, I_2, I_3	Strom durch die Widerstände R_1, R_2, R_3	A
I_e	Strom in den Differenzeingang	A
I_0	Strom durch den Rückkopplungswiderstand	A
R_1, R_2, R_3	Widerstände im Eingangskreis	Ω
R_0	Rückkopplungswiderstand	Ω

15.5 Digitaltechnik

Grundbausteine der Digitaltechnik

<table>
<tr><th>Baustein</th><th>Schaltzeichen</th><th>Wertetabelle</th><th>Funktionsgleichung</th></tr>
<tr><td>UND-Element
(AND)</td><td>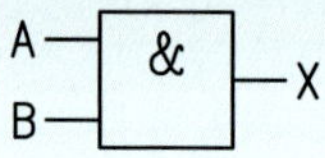
</td><td><table><tr><th>A</th><th>B</th><th>X</th></tr><tr><td>0</td><td>0</td><td>0</td></tr><tr><td>0</td><td>1</td><td>0</td></tr><tr><td>1</td><td>0</td><td>0</td></tr><tr><td>1</td><td>1</td><td>1</td></tr></table></td><td>$X = A \wedge B$</td></tr>
<tr><td>ODER-Element
(OR)</td><td>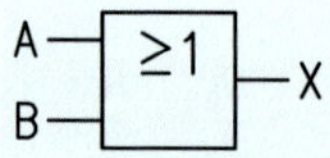
</td><td><table><tr><th>A</th><th>B</th><th>X</th></tr><tr><td>0</td><td>0</td><td>0</td></tr><tr><td>0</td><td>1</td><td>1</td></tr><tr><td>1</td><td>0</td><td>1</td></tr><tr><td>1</td><td>1</td><td>1</td></tr></table></td><td>$X = A \vee B$</td></tr>
<tr><td>NICHT-Element
(Negator)</td><td>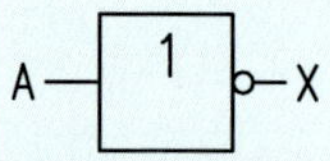
</td><td><table><tr><th>A</th><th>X</th></tr><tr><td>0</td><td>1</td></tr><tr><td>1</td><td>0</td></tr></table></td><td>$X = \overline{A}$</td></tr>
<tr><td>NAND-Element</td><td>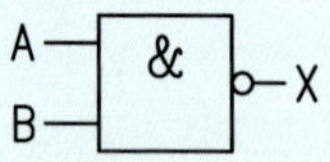
</td><td><table><tr><th>A</th><th>B</th><th>X</th></tr><tr><td>0</td><td>0</td><td>1</td></tr><tr><td>0</td><td>1</td><td>1</td></tr><tr><td>1</td><td>0</td><td>1</td></tr><tr><td>1</td><td>1</td><td>0</td></tr></table></td><td>$X = \overline{A \wedge B}$</td></tr>
<tr><td>NOR-Element</td><td>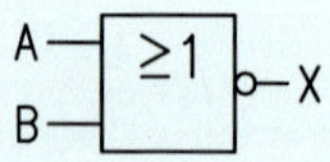
</td><td><table><tr><th>A</th><th>B</th><th>X</th></tr><tr><td>0</td><td>0</td><td>1</td></tr><tr><td>0</td><td>1</td><td>0</td></tr><tr><td>1</td><td>0</td><td>0</td></tr><tr><td>1</td><td>1</td><td>0</td></tr></table></td><td>$X = \overline{A \vee B}$</td></tr>
<tr><td>EXCLUSIV-ODER-Element
(XOR)</td><td>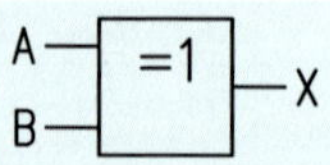
</td><td><table><tr><th>A</th><th>B</th><th>X</th></tr><tr><td>0</td><td>0</td><td>0</td></tr><tr><td>0</td><td>1</td><td>1</td></tr><tr><td>1</td><td>0</td><td>1</td></tr><tr><td>1</td><td>1</td><td>0</td></tr></table></td><td>$X = (\overline{A} \wedge B) \vee (A \wedge \overline{B})$</td></tr>
</table>

Schaltalgebra

1. Verbindungsgesetz (Assoziativgesetz)

a)

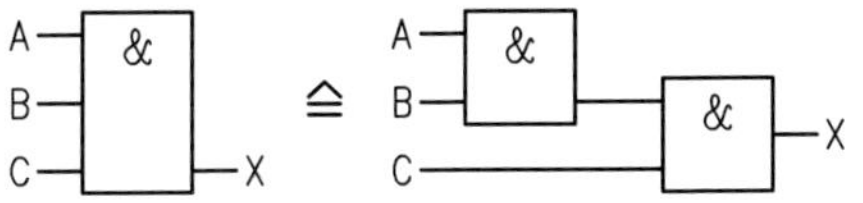

$X = A \wedge B \wedge C \mathrel{\widehat{=}} X = (A \wedge B) \wedge C$

$X = A \wedge B \wedge C \mathrel{\widehat{=}} X = (A \wedge C) \wedge B$

$X = A \wedge B \wedge C \mathrel{\widehat{=}} X = A \wedge (B \wedge C)$

b)

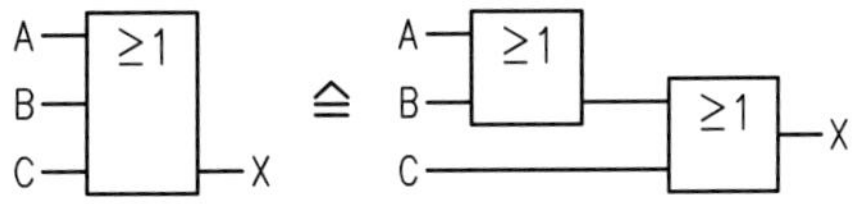

$X = A \vee B \vee C \mathrel{\widehat{=}} X = A \vee (B \vee C)$

$X = A \vee B \vee C \mathrel{\widehat{=}} X = (A \vee B) \vee C$

$X = A \vee B \vee C \mathrel{\widehat{=}} X = (A \vee C) \vee B$

2. Verteilungsgesetz (Distributivgesetz)

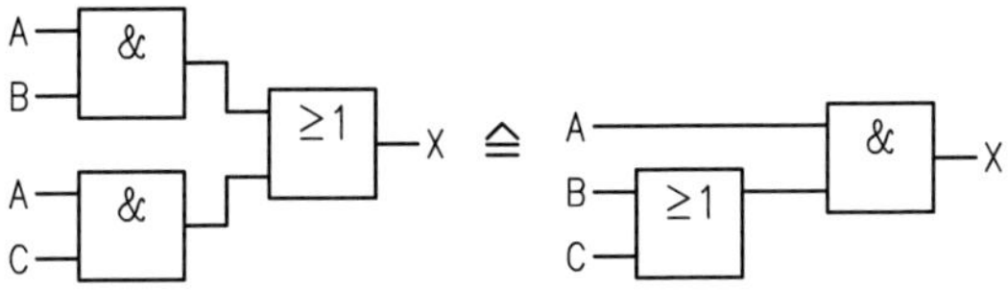

$X = A \wedge B \vee A \wedge C \mathrel{\widehat{=}} X = A \wedge (B \vee C)$

3. Aufhebungsgesetz (Absorptionsgesetz)

a)

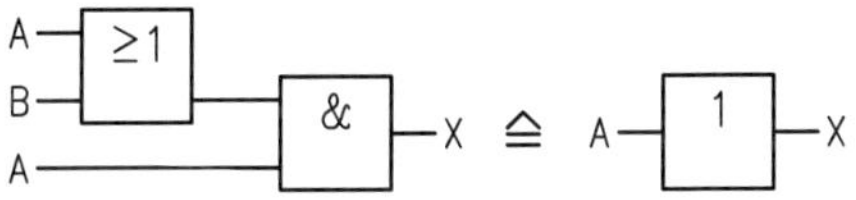

$X = (A \vee B) \wedge A \mathrel{\widehat{=}} X = A$

b)

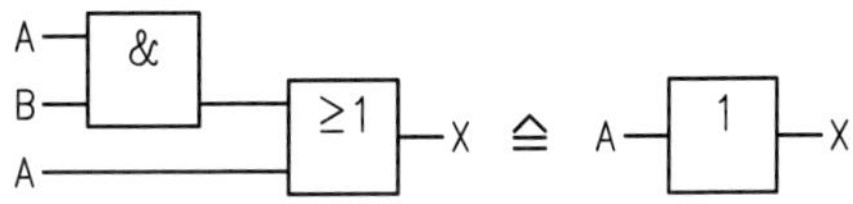

$X = (A \wedge B) \vee A \mathrel{\widehat{=}} X = A$

4. De Morgansches Gesetz

a)

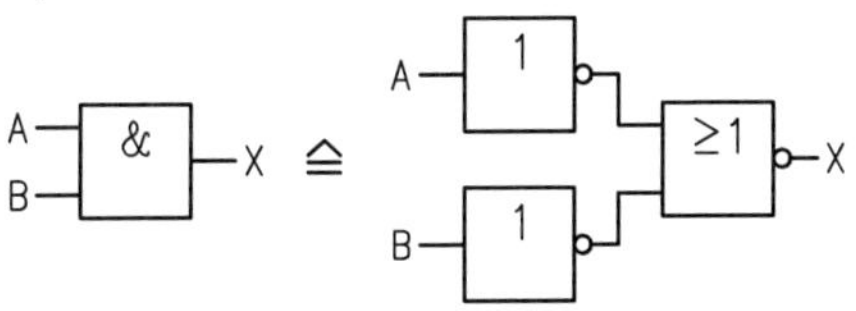

$X = A \wedge B \mathrel{\widehat{=}} X = \overline{\overline{A} \vee \overline{B}}$

b)

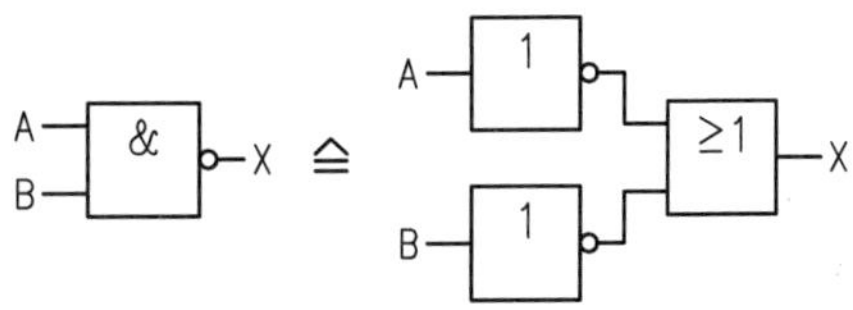

$X = \overline{A \wedge B} \mathrel{\widehat{=}} X = \overline{A} \vee \overline{B}$

c)

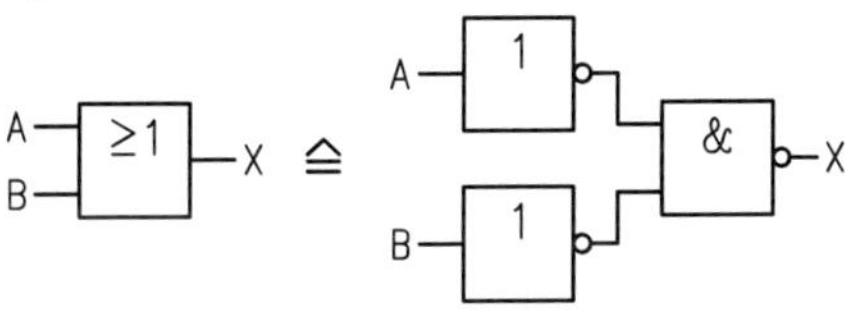

$X = A \vee B \mathrel{\widehat{=}} X = \overline{\overline{A} \wedge \overline{B}}$

d)

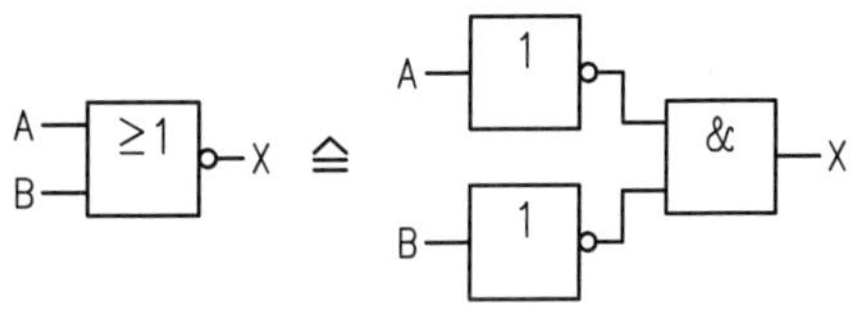

$X = \overline{A \vee B} \mathrel{\widehat{=}} X = \overline{A} \wedge \overline{B}$

16.1 Ungesteuerte Stromrichter

Schaltung		$\frac{U}{U_{di}}$	$\frac{I}{I_d}$	$\frac{U_{Br}}{U_{di}}$	$\frac{f_{Br}}{Hz}$	Puls-zahl	$\frac{S}{P_{di}}$	$\frac{U_{RRM}}{U_{di}}$
M1U	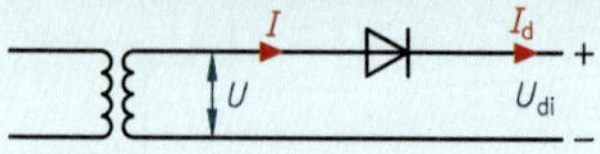	2,22	1,57	1,21	50	1	3,1	3,14
M2U	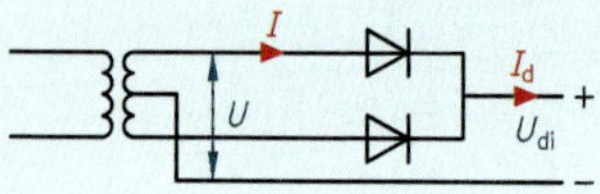	1,11	0,785	0,483	100	2	1,49	3,14
B2U	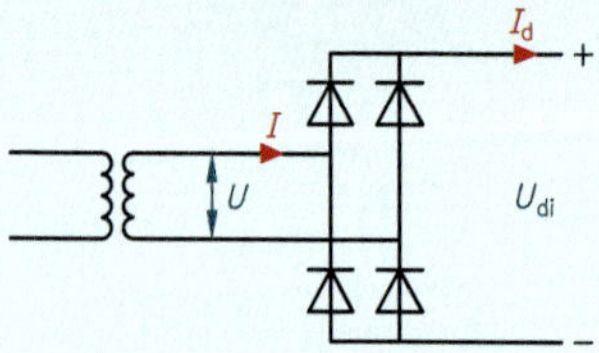	1,11	1,11	0,483	100	2	1,23	1,57
M3U	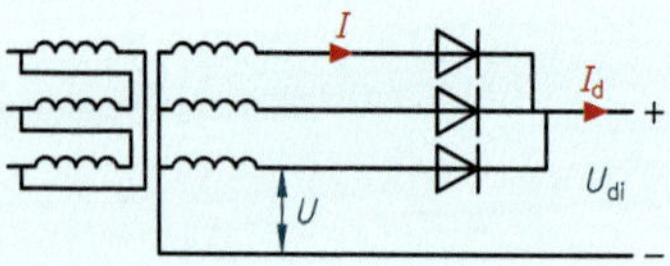	0,86	0,588	0,183	150	3	1,35	2,09
B6U	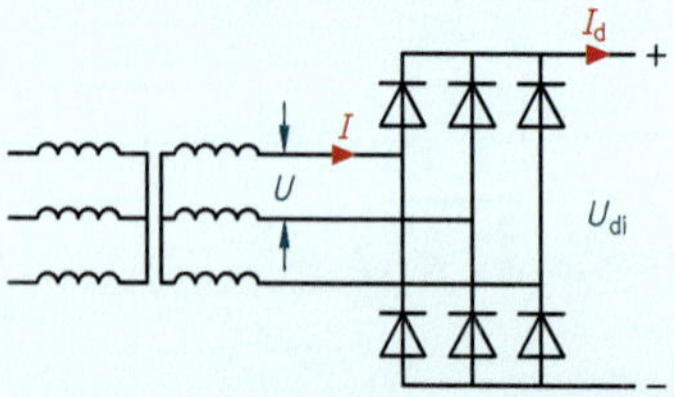	0,74	0,82	0,042	300	6	1,05	1,05

Zeichen	Bedeutung	Einheit
M1U	Einpuls-Mittelpunktschaltung	–
M2U	Zweipuls-Mittelpunktschaltung	–
M3U	Dreipuls-Mittelpunktschaltung	–
B2U	Zweipuls-Brückenschaltung	–
B6U	Sechspuls-Brückenschaltung	–
U	Effektivwert der Eingangswechselspannung	V
U_{di}	Arithmetischer Mittelwert der Ausgangsgleichspannung (idealisiert)	V
U_{Br}	Effektivwert der überlagerten Wechselspannung (Brummspannung)	V
I	Effektivwert des Eingangsstromes	A
I_d	Arithmetischer Mittelwert des Gleichstromes	A
S	Nennscheinleistung des Transformators (Bauleistung)	VA
P_{di}	Gleichstromleistung des Stromrichters	W
f_{Br}	Frequenz der überlagerten Brummspannung	Hz, s^{-1}
U_{RRM}	Höchste periodische Spitzensperrspannung der Ventile	V

16.2 Gesteuerte Stromrichter (gesteuerte Gleichrichter)

Einpulsschaltung/M1

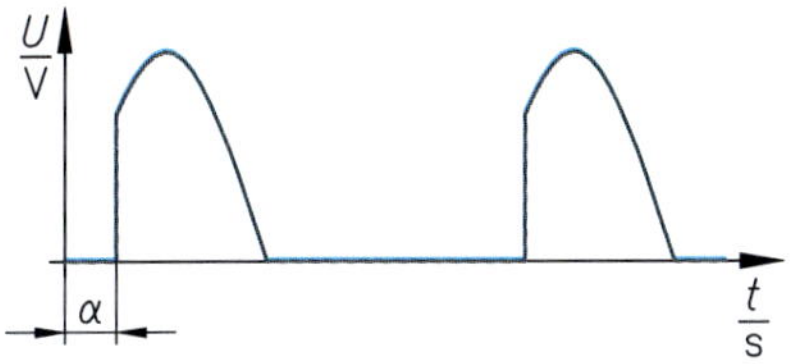

$P_\alpha = U_\alpha \cdot I_\alpha$ $P_d = U_d \cdot I_d$

Effektivwerte

$$U_\alpha = \frac{\hat{u}}{2} \cdot \sqrt{1 - \frac{\alpha}{180°} + \frac{\sin(2\alpha)}{2\pi}}$$

$$I_\alpha = \frac{\hat{i}}{2} \cdot \sqrt{1 - \frac{\alpha}{180°} + \frac{\sin(2\alpha)}{2\pi}}$$

Mittelwert*ie*

$$U_d = \frac{\hat{u}}{2\pi} \cdot (1 + \cos\alpha)$$

$$I_d = \frac{\hat{i}}{2\pi} \cdot (1 + \cos\alpha)$$

Zweipulsschaltung/M2, B2

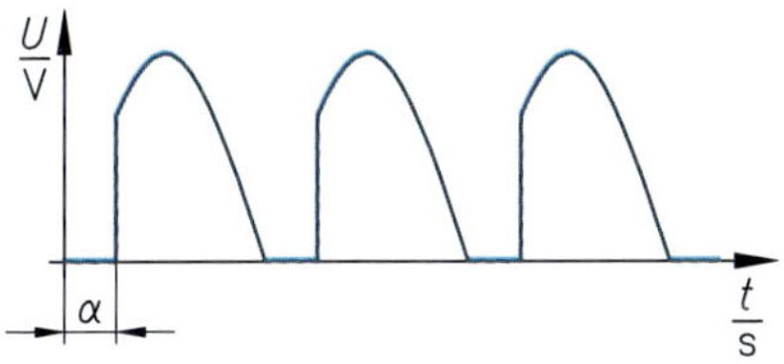

$P_\alpha = U_\alpha \cdot I_\alpha$ $P_d = U_d \cdot I_d$

Effektivwerte

$$U_\alpha = \frac{\hat{u}}{\sqrt{2}} \cdot \sqrt{1 - \frac{\alpha}{180°} + \frac{\sin(2\alpha)}{2\pi}}$$

$$I_\alpha = \frac{\hat{i}}{\sqrt{2}} \cdot \sqrt{1 - \frac{\alpha}{180°} + \frac{\sin(2\alpha)}{2\pi}}$$

Mittelwerte

$$U_d = \frac{\hat{u}}{\pi} \cdot (1 + \cos\alpha)$$

$$I_d = \frac{\hat{i}}{\pi} \cdot (1 + \cos\alpha)$$

Zeichen	Bedeutung	Einheit
U_α	Effektivwert der gleichgerichteten und angeschnittenen Spannung	V
I_α	Effektivwert des gleichgerichteten und angeschnittenen Stromes	A
U_d	Arithmetischer Mittelwert der gleichgerichteten und angeschnittenen Spannung	V
I_d	Arithmetischer Mittelwert des gleichgerichteten und angeschnittenen Stromes	A
$\hat{u}$	Scheitelwert der sinusförmigen Spannung	V
$\hat{i}$	Scheitelwert des sinusförmigen Stromes	A
α	Zündwinkel der Ventile	°
P_α	Leistung aus den Effektivwerten, Wärmeleistung	W
P_d	Leistung aus den arithmetischen Mittelwerten, Gleichstromleistung	W

16.3 Wechselstromsteller

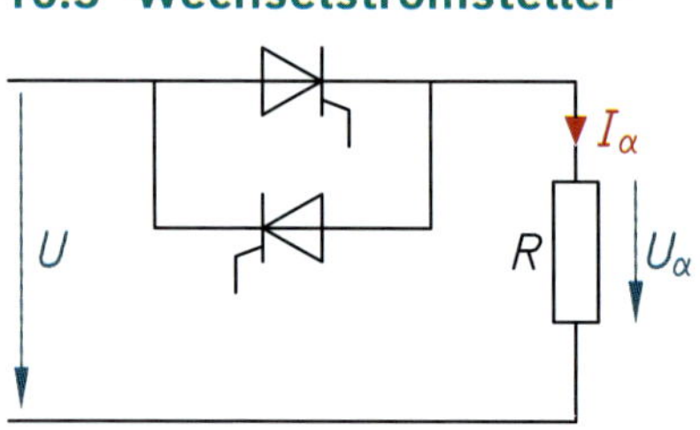

Thyristor-Schaltung

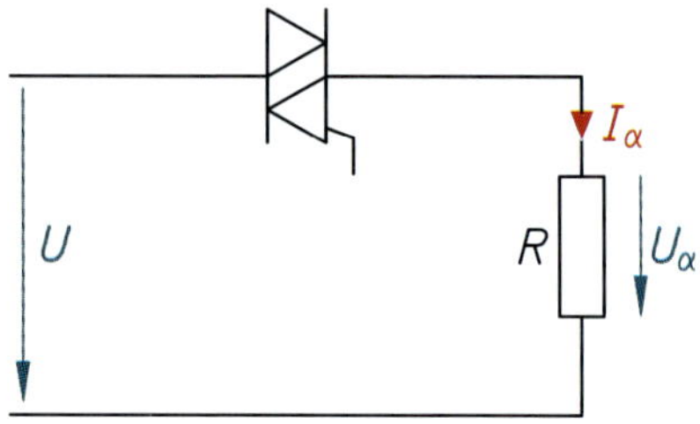

Triac-Schaltung

Phasenanschnittsteuerung

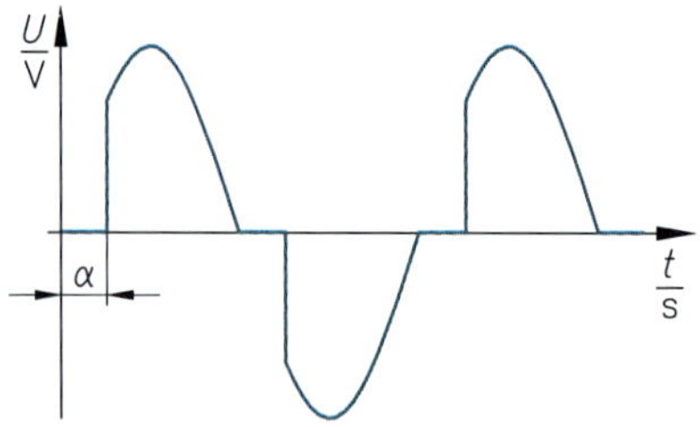

$$U_\alpha = U \cdot \sqrt{1 - \frac{\alpha}{180°} + \frac{\sin(2\alpha)}{2\pi}}$$

$$I_\alpha = I \cdot \sqrt{1 - \frac{\alpha}{180°} + \frac{\sin(2\alpha)}{2\pi}}$$

$$P_\alpha = U_\alpha \cdot I_\alpha = \frac{U_\alpha^2}{R} = I_\alpha^2 \cdot R$$

Schwingungspaketsteuerung (Vielperiodensteuerung)

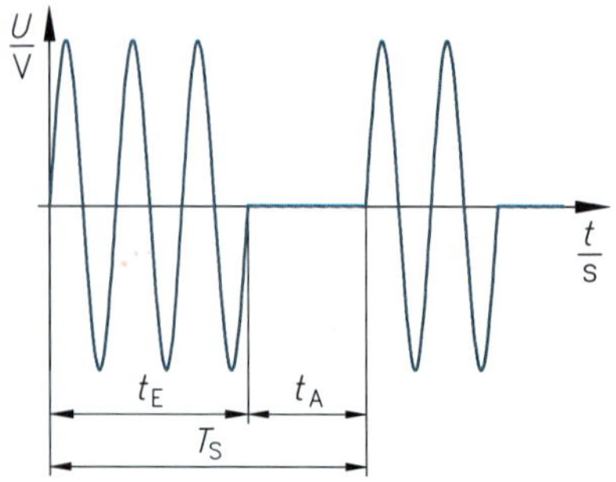

Leistung ohne Schaltpause
($t_E = T_S$ bzw. $t_A = 0$)

$$P = U \cdot I \cdot \cos\varphi$$

Leistung mit Schaltpause ($t_E < T_S$)

$$P_T = \frac{t_E}{T_S} \cdot P \qquad T_S = t_E + t_A$$

Zeichen	Bedeutung	Einheit
U	Effektivwert der Eingangsspannung, ungesteuert ($\alpha = 0$)	V
I	Effektivwert des Stromes, ungesteuert ($\alpha = 0$)	A
U_α	Effektivwert der Spannung mit dem Zündwinkel α	V
I_α	Effektivwert des Stromes mit dem Zündwinkel α	A
P	Leistungsaufnahme des Verbrauchers, ungesteuert ($\alpha = 0$)	W
P_α	Leistungsaufnahme des Verbrauchers beim Zündwinkel α	W
P_T	Leistungsaufnahme des Verbrauchers in Abhängigkeit von der Einschaltdauer	W
α	Zündwinkel der Ventile	° (Grad)
t_E	Einschaltzeit des Verbrauchers	s
t_A	Ausschaltzeit des Verbrauchers (Pausenzeit)	s
T_S	Schaltperiodendauer	s

17 Regelungstechnik

control engineering

17.1 P-Regler

allgemein:

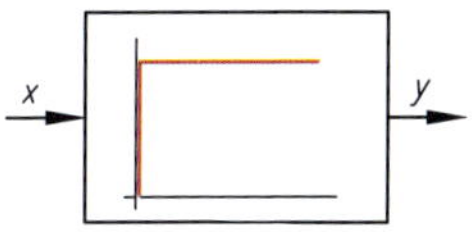

$K_p = \frac{y - y_0}{x}$

elektronisch:

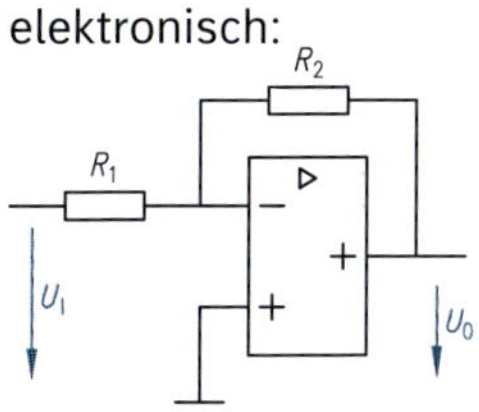

$U_I = x$

$U_0 = y - y_0$

$K_p = \frac{U_0}{U_I}$; $K_p = -\frac{R_2}{R_1}$; $-U_0 = \frac{R_2}{R_1} \cdot U_I$

17.2 I-Regler, Integrierer

allgemein:

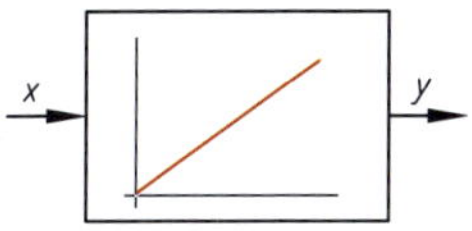

$K_I = \frac{\frac{\Delta y}{\Delta t}}{x}$

elektronisch:

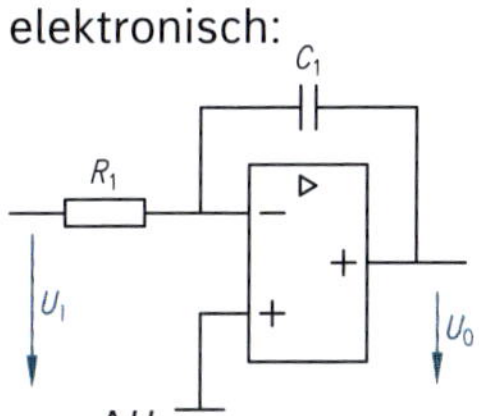

$U_I = x$

$U_0 = y - y_0$

$K_I = \frac{\frac{\Delta U_0}{\Delta t}}{U_I}$ $K_I = -\frac{1}{R_1 C_1}$ $\frac{\Delta U_0}{\Delta t} = -\frac{U_I}{R_1 \cdot C_1}$

17.3 D-Regler, Differenzierer

allgemein:

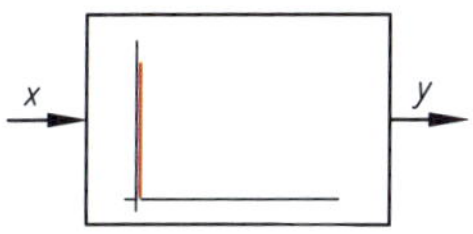

$K_D = \frac{y - y_0}{\frac{\Delta x}{\Delta t}}$

elektronisch:

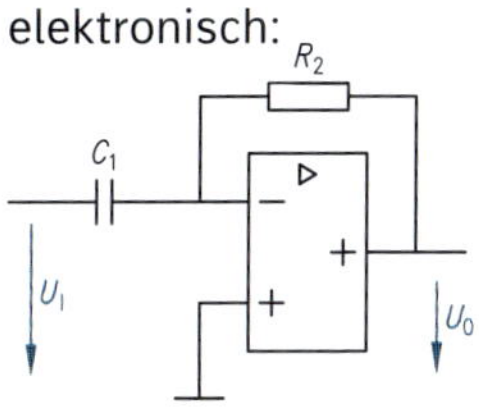

$U_I = x$

$U_0 = y - y_0$

$K_D = \frac{U_0}{\frac{\Delta U_I}{\Delta t}}$ $K_D = -R_2 \cdot C_1$ $-U_0 = \frac{R_2 \cdot C_1 \cdot \Delta U_I}{\Delta t}$

Zeichen	Bedeutung	Einheit
K_P	Proportionalbeiwert	1
K_I	Integrierbeiwert	1/s
K_D	Differenzierbeiwert	s
x	Reglereingangsgröße, Regelgröße	
y	Reglerausgangsgröße, Stellgröße	
$y - y_0$	Änderung der Stellgröße	
$\Delta x/t\Delta$	Änderungsgeschwindigkeit der Regelgröße	1/s
U_I	Reglereingangsspannung	V
U_0	Reglerausgangsspannung	V

17.4 PI-Regler

allgemein:

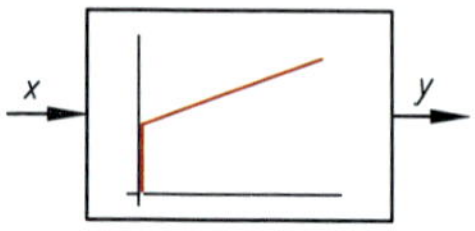

Sprungantwort:

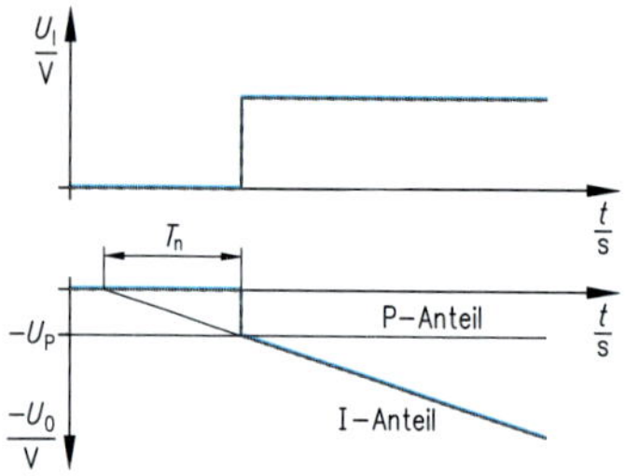

elektronisch:

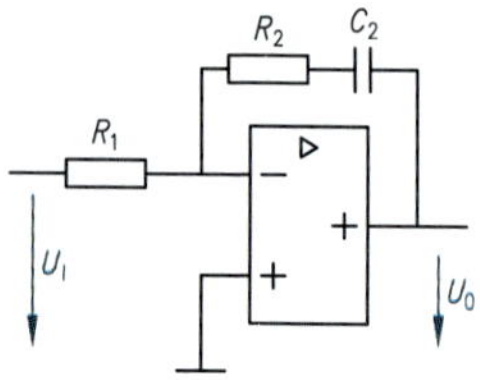

$$K_P = -\frac{R_2}{R_1} \quad K_I = \frac{1}{R_1 \cdot C_2}$$

$$T_n = R_2 \cdot C_2$$

17.5 PD-Regler

allgemein:

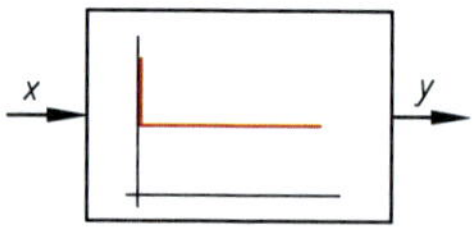

Sprungantwort:

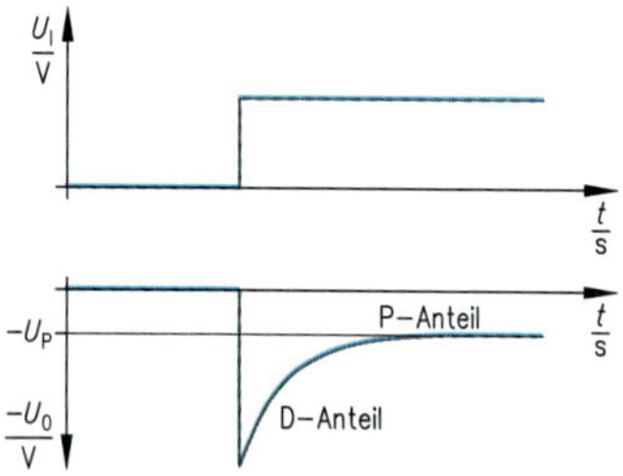

elektronisch:

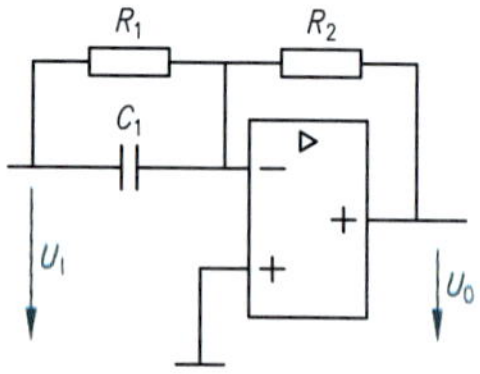

$$-U_P = \frac{U_I \cdot R_2}{R_1}$$

$$K_P = -\frac{R_2}{R_1}$$

$$T_V = R_1 \cdot C_1$$

Zeichen	Bedeutung	Einheit
K_P	Proportionalbeiwert	1
K_I	Integrierbeiwert	1/s
T_n	Nachstellzeit	s
T_V	Vorhaltezeit, Zeitkonstante des D-Anteils	s
x	Regelgröße	
y	Stellgröße	
U_I	Eingangsspannung des Reglers	V
$-U_0$	Ausgangsspannung des Reglers	V
$-U_P$	Proportionalanteil der Ausgangsspannung	V
$-U_D$	Differenzieranteil der Ausgangsspannung	V

17.6 PID-Regler

allgemein:

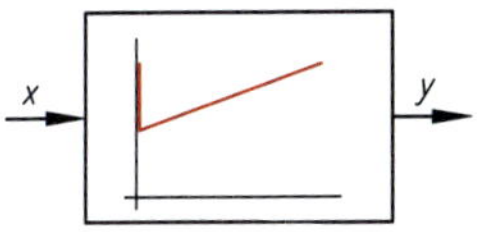

elektronisch:

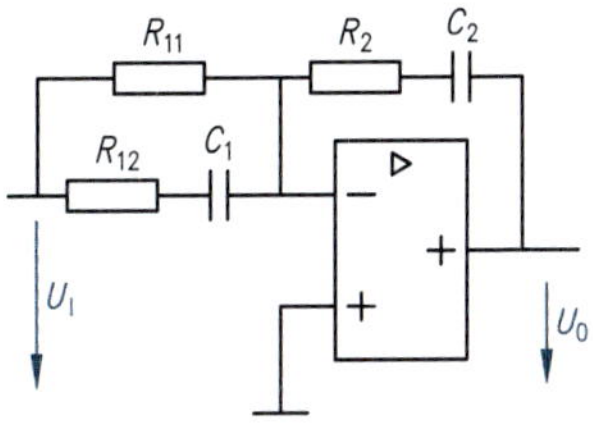

Sprungantwort:

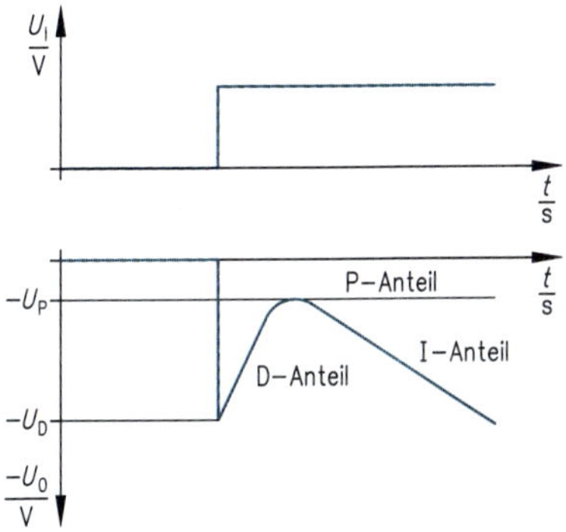

$$-U_P = \frac{U_I \cdot R_2}{R_{11}}$$

$$-U_D = \frac{U_I \cdot R_2 (R_{11} + R_{12})}{R_{11} \cdot R_{12}}$$

$$K_P = -\frac{R_2 (R_{12} + R_{11})}{R_{12} \cdot R_{11}}$$

$$T_n = R_2 \cdot C_2$$

Zeichen	Bedeutung	Einheit
K_P	Proportionalbeiwert	1
K_I	Integrierbeiwert	1/s
T_n	Nachstellzeit	s
x	Regelgröße	
y	Stellgröße	
U_I	Eingangsspannung des Reglers	V
$-U_0$	Ausgangsspannung des Reglers	V
$-U_P$	Proportionalanteil der Ausgangsspannung	V
$-U_D$	Differenzieranteil der Ausgangsspannung	V

18 Elektrische Leitungen

electric lines

18.1 Berechnung des Querschnittes und des Spannungsverlustes bzw. Spannungsunterschiedes

Gleichstrom und Wechselstrom bei cos φ = 1

$$U_v = \frac{2 \cdot l \cdot I}{\gamma \cdot A} \qquad U_v = \frac{2 \cdot l \cdot P}{\gamma \cdot A \cdot U} \qquad A = \frac{2 \cdot l \cdot I}{\gamma \cdot U_v} \qquad A = \frac{2 \cdot l \cdot P}{\gamma \cdot U_v \cdot U}$$

Einphasenwechselstrom, induktiv oder kapazitiv belastet

$$\Delta U = \frac{2 \cdot l \cdot I \cdot \cos\varphi}{\gamma \cdot A} \qquad \Delta U = \frac{2 \cdot l \cdot P}{\gamma \cdot A \cdot U} \qquad A = \frac{2 \cdot l \cdot I \cdot \cos\varphi}{\gamma \cdot \Delta U} \qquad A = \frac{2 \cdot l \cdot P}{\gamma \cdot \Delta U \cdot U}$$

Drehstrom, induktiv oder kapazitiv belastet

$$\Delta U = \frac{1{,}73 \cdot l \cdot I \cdot \cos\varphi}{\gamma \cdot A} \qquad \Delta U = \frac{l \cdot P}{\gamma \cdot A \cdot U} \qquad A = \frac{1{,}73 \cdot l \cdot I \cdot \cos\varphi}{\gamma \cdot \Delta U} \qquad A = \frac{l \cdot P}{\gamma \cdot \Delta U \cdot U}$$

Zeichen	Bedeutung	Einheit
U	Betriebsspannung	V
U_v	Spannungsverlust	V
ΔU	Spannungsunterschied	V
I	Belastungsstrom	A
P	Wirkleistung	W
l	Leitungslänge	m
A	Leiterquerschnitt	mm^2
γ	Elektrische Leitfähigkeit	$\frac{m}{\Omega \cdot mm^2}$
cos φ	Wirkleistungsfaktor	–

Hinweis:

Leitfähigkeit für Kupfer: $\gamma = 56\,m/\Omega \cdot mm^2$

18.2 Berechnung des Leistungsverlustes elektrischer Leitungen

Gleichstrom und Wechselstrom bei cos φ = 1

$$P_v = \frac{2 \cdot l \cdot P^2}{\gamma \cdot A \cdot U^2} \qquad A = \frac{2 \cdot l \cdot P^2}{\gamma \cdot P_v \cdot U^2} \qquad P_v = \frac{2 \cdot l \cdot I^2}{\gamma \cdot A} \qquad A = \frac{2 \cdot l \cdot I^2}{\gamma \cdot P_v}$$

$$P_{v\%} = \frac{P_v \cdot 100\ \%}{P}$$

Einphasenwechselstrom, induktiv oder kapazitiv belastet

$$P_v = \frac{2 \cdot l \cdot P^2}{\gamma \cdot A \cdot U^2 \cdot \cos^2 \varphi} \qquad A = \frac{2 \cdot l \cdot P^2}{\gamma \cdot P_v \cdot U^2 \cdot \cos^2 \varphi} \qquad P_v = \frac{2 \cdot l \cdot I^2}{\gamma \cdot A} \qquad A = \frac{2 \cdot l \cdot I^2}{\gamma \cdot P_v}$$

$$P_{v\%} = \frac{P_v \cdot 100\ \%}{P}$$

Drehstrom, induktiv oder kapazitiv belastet

$$P_v = \frac{l \cdot P^2}{\gamma \cdot A \cdot U^2 \cdot \cos^2 \varphi} \qquad A = \frac{l \cdot P^2}{\gamma \cdot P_v \cdot U^2 \cdot \cos^2 \varphi} \qquad P_v = \frac{3 \cdot l \cdot I^2}{\gamma \cdot A} \qquad A = \frac{3 \cdot l \cdot I^2}{\gamma \cdot P_v}$$

$$P_{v\%} = \frac{P_v \cdot 100\ \%}{P}$$

Zeichen	Bedeutung	Einheit
U	Betriebsspannung	V
I	Belastungsstrom	A
P	Wirkleistung	W
P_v	Leistungsverlust	W
$P_{v\%}$	Leistungsverlust in Prozent	%
l	Leitungslänge	m
γ	Elektrische Leitfähigkeit	m/(Ω · mm²)
A	Leiterquerschnitt	mm²
cos φ	Wirkleistungsfaktor	–

18.3 Leitungsschutz gegen zu hohe Erwärmung

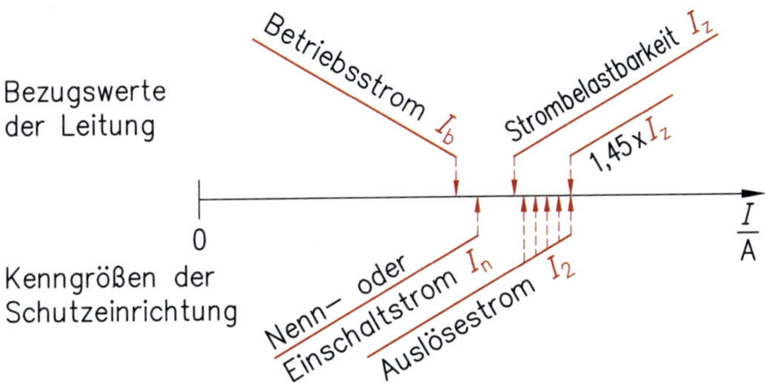

Eine elektrische Leitung kann zeitlich begrenzt – bis max. 1 Stunde – mit 1,45 × I_z überlastet werden (I_z = zulässige Strombelastbarkeit).

19 Schutz gegen elektrischen Schlag

protection against electric shock

19.1 Messen der Schleifenimpedanz, Netzinnenwiderstand

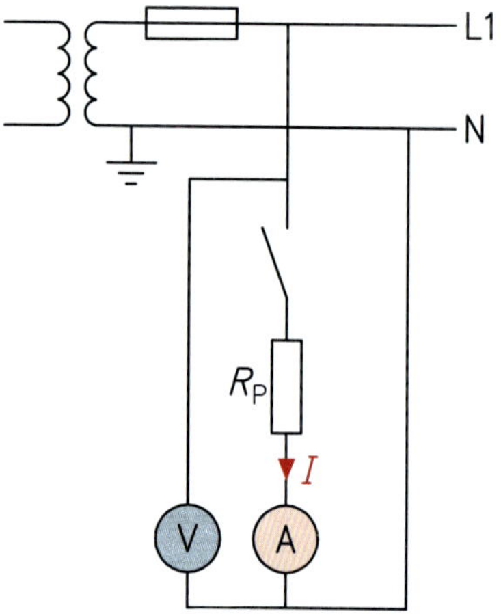

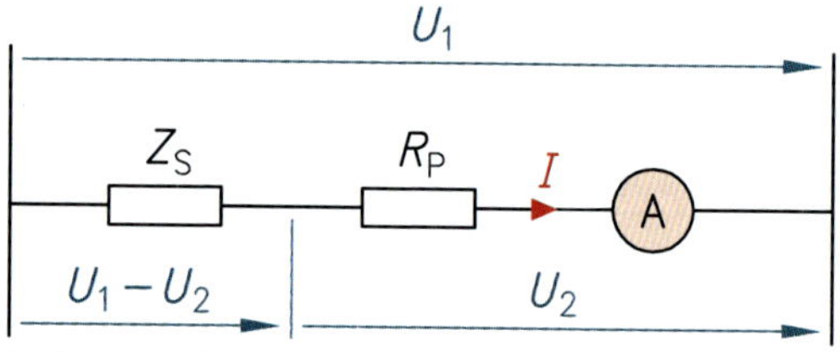

U_1 bei geöffnetem Schalter
U_2 bei geschlossenem Schalter

$$Z_s = \frac{U_1 - U_2}{I}$$

$$Z_s = \frac{U_1 - U_2}{U_2} \cdot R_p$$

$$Z_s \approx R_s$$

Zeichen	Bedeutung	Einheit
U_1	Gemessene Spannung zwischen dem unbelasteten Außenleiter und dem geerdeten Leiter	V
U_2	Gemessene Spannung zwischen dem durch R_P belasteten Außenleiter und dem geerdeten Leiter	V
I	Belastungsstrom bei der Messung von U_2	A
R_P	Belastungswiderstand ≈ 22 Ω	Ω
R_s	Schleifenwiderstand	Ω
Z_s	Schleifenimpedanz	Ω

19.2 TN-System mit Überstrom-Schutzeinrichtung

$$U_0 \geq Z_S \cdot I_A$$

$$Z_S = \frac{U_1 - U_2}{I}$$

$$I_K = \frac{U_1}{Z_S}$$

$$I_K = \frac{U_1 \cdot I}{U_1 - U_2}$$

Zeichen	Bedeutung	Einheit
U_0	Spannung gegen geerdete Leiter (unbelastet)	V
U_1	Gemessene Spannung zwischen dem unbelasteten Außenleiter und dem geerdeten Leiter	V
U_2	Gemessene Spannung zwischen dem belasteten Außenleiter und dem geerdeten Leiter	V
I	Belastungsstrom bei der Messung von U_2	A
I_A	Abschaltstromstärke der Sicherung	A
Z_S	Schleifenimpedanz	Ω
I_K	Kurzschlussstrom	A

19.3 TT-System mit Überstrom-Schutzeinrichtung

$$R_A \leq \frac{U_L}{I_A}$$

Zeichen	Bedeutung	Einheit
U_L	Dauernd zulässige Berührungsspannung bei Wechselspannung $U_L = 50$ V bei Gleichspannung $U_L = 120$ V	V
I_A	Abschaltstromstärke	A
R_A	Erdungswiderstand	Ω

19.4 Fehlerstrom-Schutzeinrichtung (RCD)

$$R_A = \frac{U_F}{I_\Delta}$$

$$R_A \leq \frac{U_L}{I_{\Delta N}}$$

Zeichen	Bedeutung	Einheit
U_F	Fehlerspannung bei Auslösung des Schutzschalters	V
U_L	Dauernd zulässige Berührungsspannung	V
I_Δ	Fehlerstrom bei Auslösung des Schutzschalters	A
$I_{\Delta N}$	Bemessungsdifferenzstrom	A
R_A	Erdungswiderstand	Ω

19.5 Fehlerspannung – Fehlerstrom – Berührungsspannung

$$R = R_{L1} + R_F + R_M + R_ü + R_B + R_{L2}$$

$$I_F = \frac{U_0}{R}$$

$$U_L = I_F \cdot R_M \qquad U_L = \frac{U_0 \cdot R_M}{R}$$

$$U_L = \frac{U_0 \cdot R_M}{R_{L1} + R_F + R_M + R_ü + R_B + R_{L2}}$$

Sind R_{L1}, R_{L2}, R_F, R_B vernachlässigbar klein, gilt:

$$U_L = \frac{U_0 \cdot R_M}{R_M + R_ü} \qquad U_F = U_L + R_ü \cdot I_F$$

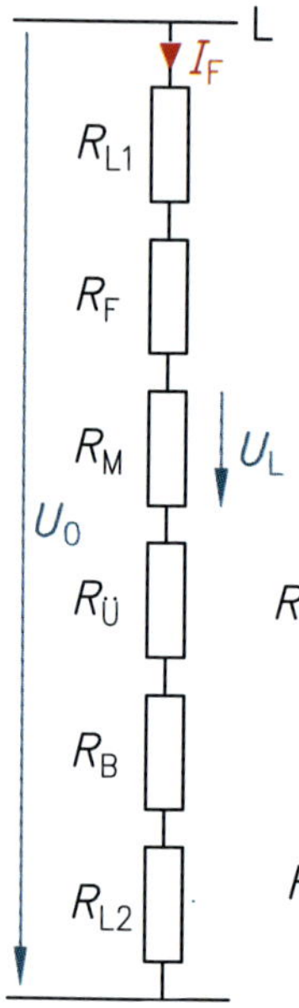

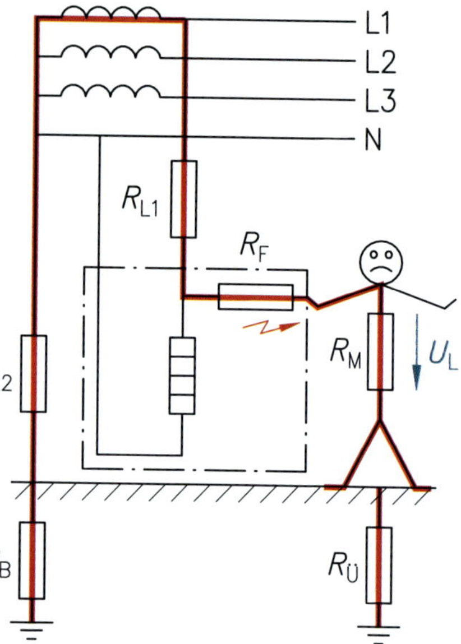

Zeichen	Bedeutung	Einheit
U_L	Berührungsspannung	V
U_0	Spannung gegen Erde	V
U_F	Fehlerspannung	V
I_F	Fehlerstrom	A
R	Gesamtwiderstand des Fehlerstromkreises	Ω
R_{L1}	Leitungswiderstand zum Gerät	Ω
R_{L2}	Leitungswiderstand von der Betriebserde zum Transformatorensternpunkt	Ω
R_F	Fehlerwiderstand	Ω
R_M	Körperwiderstand des Menschen	Ω
$R_ü$	Erdübergangswiderstand	Ω
R_B	Betriebserdungswiderstand	Ω

20 Erläuternde Hinweise zur Formelumstellung

explanatory notes about rearranging formulas

20.1 Einleitung

Beim Formelumstellen ist die Absicht, alle Größen, die sich in einer mathematischen Verbindung mit der gesuchten Formelgröße befinden, von dieser zu lösen, sodass diejenige, nach der die Formel umgestellt werden soll, abschließend „allein" auf einer Seite des Gleichheitszeichens steht. Dabei sind grundsätzlich verschiedene Wege und Herangehensweisen möglich.
Das Gleichheitszeichen besagt, dass der Ausdruck links vom Gleichheitszeichen dasselbe Ergebnis zeigt wie der, der rechts vom Gleichheitszeichen steht. Eine Gleichung eben. Dieses muss auch bei allen nachfolgenden Rechenoperationen sichergestellt sein.
Wenn eine Änderung auf einer Seite des Gleichheitszeichens vorgenommen wird, muss auf der anderen Seite dieselbe Operation stattfinden. Die beabsichtigte Aktion bezieht sich dabei jedes Mal auf die *vollständige* Seite der Gleichung und wird durch einen senkrechten Strich getrennt rechts neben der Gleichung angezeigt.
Bestehende mathematische Verknüpfungen werden durch eine „gegenteilig" wirkende Rechenoperation aufgelöst. Gegenteilig wirkende Rechenoperationen sind:

$$+ \Leftrightarrow - \qquad \cdot \Leftrightarrow : \qquad x^n \Leftrightarrow \sqrt[n]{y}$$

Dieselbe Rechenoperation auf beiden Seiten ausgeführt soll bewirken, dass auf der einen Gleichungsseite mathematische Verknüpfungen wie beabsichtigt aufgelöst werden und diese auf der anderen Seite, den Gleichungsgesetzen folgend, erscheinen (Beispiel 1).
Selbstverständlich müssen die geltenden Rechenregeln beachtet werden. Dabei beschreibt die Regel „Punktrechnung vor Strichrechnung" ausdrücklich *keine* zeitliche Abfolge. Gemeint ist vielmehr, dass mathematische Größen, die zum Beispiel durch Punktrechnung (Multiplikation bzw. Division) verbunden sind, eine mathematische Verbindung miteinander eingehen, die stärker „wirkt" als jene, die durch Strichrechnung (Addieren bzw. Subtrahieren) miteinander verknüpft sind. Stärke der Verbindung aufsteigend:

1. Addieren (Plusrechnen) und Subtrahieren (Minusrechnen).
2. Multiplizieren (Malnehmen) und Dividieren (Teilen).
3. Potenzieren (z. B. Quadrieren) und Radizieren (Wurzelziehen).

Überlegenswert ist in jeder Phase der Durchführung, dass die Seiten einer Gleichung jederzeit getauscht werden können:

aus $x = y + z$ wird $y + z = x$

Beispiel 1 (einleitendes Beispiel): Die Berechnung einer Gesamtfläche A_{ges} aus zwei Einzelflächen A_1 und A_2 erfolgt nach der Formel:

$$A_{ges} = A_1 + A_2$$

Die Formel soll nach A_1 umgestellt werden.

Überlegung: Der Summand A_1 verbleibt „allein" auf der rechten Gleichungsseite, wenn die Plusverknüpfung mit A_2 auf der rechten Seite aufgelöst wird.
Aufgelöst wird die Plusverknüpfung zwischen den Summanden A_1 und A_2 durch eine Minusrechnung ($-A_2$), die auf beiden Seiten der Gleichung durchgeführt werden muss:

Schritt 1: Auf beiden Seiten der Gleichung wird A_2 subtrahiert:

$$A_{ges} = A_1 + A_2 \quad | -A_2 \qquad A_{ges} - A_2 = A_1 + A_2 - A_2$$

Schritt 2: Auf der rechten Seite der Gleichung lösen sich $+A_2$ und $-A_2$ auf:

Resultat:

$$A_{ges} - A_2 = A_1 \text{ oder}$$

$$A_1 = A_{ges} - A_2$$

20.2 Gleichungsrechnen mit Addition und Subtraktion

Die Beachtung des Vorzeichens einer Formelgröße, nach der die Formel umgestellt werden soll, bestimmt unter anderem die weitere Vorgehensweise:

Ist das Vorzeichen der gesuchten Formelgröße positiv, ist es von Vorteil, alle anderen hiermit verknüpften Größen durch entsprechend gegenteilig wirkende Rechenoperationen auf die andere Seite der Gleichung zu transportieren. Die gesuchte Formelgröße erscheint letztendlich allein auf einer Seite der Gleichung (Beispiel 2).

Beispiel 2: Der Flächeninhalt (A) eines Kreisringes ergibt sich aus der Differenz zwischen dem des ursprünglichen Vollkreises (A_1) und dem Flächeninhalt des inneren Kreises (A_2):

$$A = A_1 - A_2$$

Die Formel soll nach A_1 umgestellt werden.

Schritt 1: Auf beiden Seiten der Gleichung wird A_2 addiert:

$$A = A_1 - A_2 \qquad | +A_2$$

Zwischenrechnung:

$$A + A_2 = A_1 - A_2 + A_2$$

Rechts vom Gleichheitszeichen lösen sich $-A_2$ und $+A_2$ auf.

Resultat:

$$A + A_2 = A_1 \text{ oder}$$

$$A_1 = A + A_2$$

Steht diejenige Formelgröße, nach der umgestellt werden soll, als Subtrahend, also als negative Größe (hier: $-A_2$), bieten sich (mindestens) zwei Wege an (Beispiel 3):

1. Eine zu beiden Seiten der Gleichung durchgeführte Plusrechnung ($+A_2$) transportiert die gesuchte Größe als positive Größe auf die andere Seite der Gleichung, in Beispiel 3a als Summand mit A verknüpft.

Beispiel 3: (Formel wie Beispiel 2)

$$A = A_1 - A_2$$

Beispiel 3a: Die Formel soll nach A_2 umgestellt werden.

Schritt 1: Auf beiden Seiten der Gleichung wird A_2 addiert:

$$A = A_1 - A_2 \qquad | +A_2$$

Zwischenrechnung:

$$A + A_2 = A_1 - A_2 + A_2$$

Rechts vom Gleichheitszeichen lösen sich $-A_2$ und $+A_2$ auf. Links des Gleichheitszeichens erscheint A_2 als positive Größe.

$$A + A_2 = A_1$$

Schritt 2: Auf beiden Seiten der Gleichung wird A subtrahiert:

$$A + A_2 = A_1 \qquad | -A$$

$$A + A_2 - A = A_1 - A$$

Links vom Gleichheitszeichen lösen sich $+A$ und $-A$ auf.

Resultat:

$$A_2 = A_1 - A$$

2. Eine beidseitig durchgeführte Minusrechnung ($-A_1$) hinterlässt die gesuchte Formelgröße in diesem Beispiel als negative Größe allein auf der ursprünglich besetzten Gleichungsseite (Beispiel 3b).

Beispiel 3b: (Formel wie Beispiel 2 und 3a)

$$A = A_1 - A_2$$

Die Formel soll nach A_2 umgestellt werden.

Schritt 1: A_1 wird auf beiden Seiten der Gleichung subtrahiert:

$$A = A_1 - A_2 \qquad | -A_1$$

Zwischenrechnung: $A - A_1 = A_1 - A_2 - A_1$

Auf der rechten Gleichungsseite heben sich $+A_1$ und $-A_1$ auf; A_2 verbleibt „allein", jedoch als negative Formelgröße auf der rechten Seite des Gleichheitszeichens.

Zwischenresultat: $A - A_1 = -A_2$

Schritt 2: Durch Multiplizieren beider Seiten der Gleichung mit (–1) können die Vorzeichen innerhalb der Gleichung verändert werden:

$$A - A_1 = -A_2 \qquad | \cdot (-1)$$

Zwischenrechnung: $(A - A_1) \cdot (-1) = -A_2 \cdot (-1)$

Resultat: (Unter Berücksichtigung der Regeln für Klammerrechnung)

$-A + A_1 = A_2$ oder:

$$A_2 = A_1 - A$$

Die Multiplikation beider Gleichungsseiten mit (–1) in Beispiel 3b erfordert mathematische Kenntnisse über den Umgang mit Klammerrechnungen. Der Klammerwert ($A - A_1$) auf der linken Gleichungsseite als Minuend und Subtrahend macht deutlich, dass sich die Operation $\cdot (-1)$ auf die gesamte Seite der Gleichung bezieht.

Das Multiplizieren beider Seiten der Gleichung mit (–1) kann unter Beachtung der Rechenregeln in jedem beliebigen Rechenschritt erfolgen (Beispiel 3c).

Beispiel 3c: (Formel wie Beispiel 2, 3a und 3b)

$$A = A_1 - A_2$$

Die Formel soll nach A_2 umgestellt werden.

Schritt 1: Beide Seiten der Gleichung werden mit (–1) multipliziert:

$$A = A_1 - A_2 \qquad | \cdot -1$$
$$A = (A_1 - A_2) \qquad | \cdot -1$$
$$-A = -A_1 + A_2$$

Schritt 2: Auf beiden Seiten der Gleichung wird A_1 addiert:

$$-A = -A_1 + A_2 \qquad | +A_1$$

Zwischenrechnung: $-A + A_1 = -A_1 + A_2 + A_1$

Auf der rechten Seite der Gleichung lösen sich $-A_1$ und $+A_1$ auf.

Resultat: $-A + A_1 = A_2$ oder

$$A_2 = A_1 - A$$

20.3 Gleichungsrechnen mit Multiplikation und Division

Reine Verknüpfungen durch Multiplikation werden durch eine Divisionsrechnung mit anschließendem Kürzen aufgelöst und umgekehrt. Die Reihenfolge spielt dabei keine Rolle (Beispiel 4).

Beispiel 4: Der Flächeninhalt (A) eines Dreiecks wird bestimmt über seine Höhe (h) und die Länge der Grundseite (g) nach folgender Formel:

$$A = \frac{g \cdot h}{2}$$

Die Formel soll nach h umgestellt werden.

Schritt 1: Beide Seiten der Gleichung werden mit dem Faktor 2 multipliziert.

$$A \cdot = \frac{g \cdot h}{2} \qquad | \cdot 2$$

$$A \cdot 2 = \frac{g \cdot h}{2} \cdot 2$$

Es kürzt sich der Faktor 2 auf der rechten Gleichungsseite heraus:

$$A \cdot 2 = \frac{g \cdot h}{\cancel{2}^1} \cdot \cancel{2}^1$$

Zwischenresultat:

$$A \cdot 2 = g \cdot h$$

Beide Seiten der Gleichung werden durch g dividiert:

$$A \cdot 2 = g \cdot h \qquad | : g$$

Auf der rechten Seite der Gleichung kürzt sich g heraus:

$$A \cdot 2 / g = \frac{\cancel{g}^1 \cdot h}{\cancel{g}^1}$$

Resultat:

$$\frac{A \cdot 2}{g} = h \text{ oder}$$

$$h = \frac{2 \cdot A}{g}$$

Anmerkung:

Insbesondere bei umfangreicheren Formelumstellungen bietet die Erstellung der *Einheitengleichung* einen Hinweis darauf, ob die Formel voraussichtlich richtig umgestellt worden ist. Anstelle der Formelbuchstaben werden die zugehörenden Einheiten dargestellt:

$$h = \frac{2 \cdot A}{g} \Rightarrow \frac{\text{mm}^2}{\text{mm}} = \frac{\text{mm} \cdot \cancel{\text{mm}}^1}{\cancel{\text{mm}}^1} = \text{mm}$$

20.4 Gleichungsrechnen mit Potenzieren und Radizieren

In der Formel Beispiel 5 erscheint a als Seitenlänge des Quadrates *quadriert* als a^2, also *zweifach* mit sich selbst multipliziert. Die gegenteilig wirkende Rechenoperation ist das Radizieren als Quadratwurzel oder auch zweite Wurzel genannt. In Beispiel 5:

$$\sqrt[\cancel{2}1]{a^{\cancel{2}1}} = a$$

Beispiel 5: Die Fläche eines Quadrates errechnet sich aus der Seitenlänge (a) nach der Formel:

$$A = a^2$$

Die Formel soll nach a umgestellt werden.

Schritt 1: Auf beiden Seiten der Gleichung wird die Quadratwurzel gezogen:

$$A = a^2 \qquad | \sqrt[2]{}$$

Zwischenrechnung:

$$\sqrt[2]{A} = \sqrt[2]{a^2}$$

Die Quadratwurzel aus a^2 ergibt a:

Resultat:

$$\sqrt[2]{A} = a \text{ oder}$$

$$a = \sqrt[2]{A}$$

Einheitengleichung:

$$a = \sqrt[2]{A} \Rightarrow \text{mm} = \sqrt[\cancel{2}1]{\text{mm}^{\cancel{2}1}} = \text{mm}$$

In der Formel Beispiel 6 ist die Kantenlänge l des Würfels das Resultat der dritten Wurzel aus dem Volumen V. Wenn das Wurzelzeichen aufgelöst werden soll, muss die dritte Wurzel dreifach mit sich selbst multipliziert, also potenziert werden, denn

$$\sqrt[3]{V} \cdot \sqrt[3]{V} \cdot \sqrt[3]{V} = \sqrt[3]{V \cdot V \cdot V} = \sqrt[\cancel{3}1]{V^{\cancel{3}1}} = V$$

Beispiel 6: Die Kantenlänge l eines Würfels lässt sich aus seinem Volumen V nach folgender Formel bestimmen

$$l = \sqrt[3]{V}$$

Die Formel soll nach V umgestellt werden.

Schritt 1: Beide Seiten der Gleichung werden dreifach mit sich selbst malgenommen, potenziert.

$$l = \sqrt[3]{V} \qquad | \, a^3$$

Zwischenrechnung:

$$l \cdot l \cdot l = \sqrt[3]{V} \cdot \sqrt[3]{V} \cdot \sqrt[3]{V}$$

$$l \cdot l \cdot l = \sqrt[3]{V \cdot V \cdot V}$$

$$l^3 = \sqrt[3]{V^3}$$

Die dritte Wurzel aus V^3 ergibt V:

Resultat:

$$l^3 = V \text{ oder}$$

$$V = l^3$$

Einheitengleichung:

$$V = l^3 \Rightarrow \text{mm}^3 = \text{mm}^3$$

20.5 Gemischte Aufgaben

Beim Eingreifen in mathematische Verknüpfungen mit gemischten Rechenarten ist unter anderem zu beachten, wie „stark“ die unterschiedlichen Verknüpfungen wirken. In Beispiel 7 ist der mittlere Durchmesser d_m als Faktor mit dem Faktor 2 durch Multiplikation und mit der Formelgröße d gleichzeitig durch Subtraktion zu einer Differenz verknüpft. Die Verknüpfung von d_m durch Multiplikation wirkt stärker als seine Verknüpfung mit der Formelgröße d durch Subtraktion. Es ist von Vorteil, zuerst die weniger stark wirkende Verknüpfung, also die Subtraktion, durch eine Plusrechnung ($+d$) aufzulösen. Die Faktoren $2 \cdot d_m$ erscheinen danach als Produkt mit positivem Vorzeichen.

Beispiel 7: Der äußere Durchmesser von Biegeteilen errechnet sich aus dem mittleren Durchmesser d_m und dem Innendurchmesser d nach der Formel:

$$D = 2 \cdot d_m - d$$

Die Formel soll nach dem mittleren Durchmesser d_m umgestellt werden.

Schritt 1: Auf beiden Seiten der Gleichung wird d addiert.

$$D = 2 \cdot d_m - d \quad | +d$$
$$D + d = 2 \cdot d_m - d + d$$

Zwischenresultat:
$$D + d = 2 \cdot d_m$$

Beide Seiten der Gleichung werden durch 2 geteilt:

$$D + d = 2 \cdot d_m \quad | :2$$

Resultat:
$$\frac{D + d}{2} = \frac{\cancel{2} \cdot d_m}{\cancel{2}^1}$$

$$\frac{D + d}{2} = d_m \text{ oder } d_m = \frac{D + d}{2}$$

Mathematisch richtig wäre selbstverständlich auch, mit der Division durch 2 zu beginnen. Weil beide Seiten der Gleichung als Ganzes durch 2 geteilt werden müssen, ergibt sich dann folgender Ausdruck:

$$\frac{D}{2} = \frac{2 \cdot d_m - d}{2}$$

Zwischenresultat:
$$\frac{D}{2} = \frac{2 \cdot d_m}{2} - \frac{d}{2}$$

$$\frac{D}{2} = \frac{2 \cdot d_m}{2} - \frac{d}{2} \quad \Big| + \frac{d}{2}$$

Hier wird ersichtlich, dass dieser Lösungsweg im Vergleich mathematisch anspruchsvoller ist als jener zuvor.

Resultat:
$$\frac{D}{2} + \frac{d}{2} = \frac{\cancel{2}^1 \cdot d_m}{\cancel{2}^1} \Rightarrow \frac{D + d}{2} = d_m \text{ oder}$$

$$d_m = \frac{D + d}{2}$$

Die Formelgrößen a^2 und b^2 in Beispiel 8 stehen gleichzeitig als Quadrat der Basisgrößen a und b und als Summanden durch das Pluszeichen miteinander verknüpft auf der rechten Seite der Gleichung. Nach a^2 oder b^2 lässt sich die Gleichung einfach auflösen, indem zunächst die Additionsverbindung aufgelöst wird, bevor durch Wurzelziehen die jeweiligen Quadrate angegangen werden. Diese Reihenfolge bietet sich immer an, wenn die gesuchte Formelgröße als Summand (Plusrechnung) oder Subtrahend (Minusrechnung) verknüpft auf einer Seite der Gleichung steht.

Beispiel 8: Im rechtwinkligen Dreieck wird die Länge der Seite c (Hypotenuse) aus den Seiten a und b (Katheten) nach dem Satz des Pythagoras bestimmt.

$$c^2 = a^2 + b^2$$

Die Formel soll nach a umgestellt werden.

Schritt 1:
Subtrahieren von b^2 auf beiden Seiten der Gleichung:

$$c^2 = a^2 + b^2 \quad | -b^2$$

Zwischenrechnung:

$$c^2 - b^2 = a^2 + b^2 - b^2$$

$$c^2 - b^2 = a^2 \text{ oder } a^2 = c^2 - b^2$$

Aus beiden Seiten der Gleichung wird die Quadratwurzel gezogen:

$$a^2 = c^2 - b^2 \quad | \sqrt[2]{}$$

Resultat:

$$\sqrt[2]{a^2} = \sqrt[2]{c^2 - b^2}$$

$$a = \sqrt[2]{c^2 - b^2}$$

Einheitengleichung:

$$a = \sqrt[2]{c^2 - b^2} \Rightarrow \text{mm} = \sqrt[2]{\text{mm}^2 - \text{mm}^2} = \sqrt[2]{\text{mm}^2} = \text{mm}$$

Der Formelausdruck zur Berechnung der Geschwindigkeit setzt sich in Beispiel 9 zusammen aus einer Wurzelrechnung (Radizieren) und einem Produkt. Die mathematische Verknüpfung aus der Quadratwurzel wirkt stärker als die Verknüpfung zwischen $2 \times a \times s$ aus der Multiplikation. Die stärker wirkende Verknüpfung wird zunächst durch Quadrieren beider Gleichungsseiten aufgelöst, bevor das Produkt aus $2 \times a \times s$ durch eine entsprechende Division aufgelöst wird.

Beispiel 9: Die Geschwindigkeit *(v)* einer gleichmäßig beschleunigten Bewegung lässt sich errechnen aus der Beschleunigung *(a)* und dem zurückgelegten Weg *(s)* über folgende Formel:

$$v = \sqrt[2]{2 \cdot a \cdot s}$$

Die Formel soll nach s umgestellt werden.

Schritt 1: Beide Seiten der Gleichung werden quadriert.

$$v = \sqrt[2]{2 \cdot a \cdot s} \quad | a^2$$

Zwischenrechnung:

$$v \cdot v = \sqrt[2]{2 \cdot a \cdot s} \cdot \sqrt[2]{2 \cdot a \cdot s}$$

$$v^2 = \sqrt[2]{(2 \cdot a \cdot s)^2}$$

Zwischenresultat:

$$v^2 = 2 \cdot a \cdot s$$

Schritt 2: Beide Seiten der Gleichung werden durch a und durch 2 geteilt.

$$v^2 = 2 \cdot a \cdot s \quad | : a \quad | : 2$$

2 und a werden auf der rechten Gleichungsseite durch Kürzen aufgelöst:

$$\frac{v^2}{2 \cdot a} = \frac{\cancel{2}^1 \cdot \cancel{a}^1 \cdot s}{\cancel{2}^1 \cdot \cancel{a}^1}$$

Resultat:

$$\frac{v^2}{2 \cdot a} = s \text{ oder}$$

$$s = \frac{v^2}{2 \cdot a}$$

Einheitengleichung:

$$s = \frac{v^2}{2 \cdot a} \Rightarrow m = \frac{\frac{\mathrm{m}^2}{s^2}}{\frac{\mathrm{m}}{s^2}} = \frac{\mathrm{m}^2 \cdot s^2}{s^2 \cdot m} = m$$

In der Formel aus Beispiel 10 erscheint die Zähnezahl eines Zahnrades im Nenner eines Bruches und gleichzeitig in einer Summe mit dem Summanden 2 verknüpft. Der Rechenvorgang wird vereinfacht, wenn zuerst die gesuchte Formelgröße (hier: z) durch Multiplikation aus dem Nenner herausgenommen und gleichzeitig auf die andere Seite des Gleichheitszeichens transportiert wird.

Zu beachten ist, dass $(z + 2)$ zusammengehörend als Summe behandelt und nicht getrennt wird, solange dieser Ausdruck als Faktor einer Verknüpfung durch Multiplikation existiert.

Beispiel 10:

Das Modul eines Zahnrades kann bestimmt werden über den Außendurchmesser d_a des Zahnrades und seiner Zähnezahl z nach folgender Formel:

$$m = \frac{d_a}{(z+2)}$$

Die Formel soll nach z umgestellt werden.

Schritt 1:

Beide Seiten der Gleichung werden mit $(z + 2)$ multipliziert.

$$m = \frac{d_a}{(z+2)} \quad \Big| \cdot (z+2)$$

Zwischenrechnung:

$$m \cdot (z+2) = \frac{d_a \cdot (z+2)}{(z+2)}$$

$(z + 2)$ im Zähler und Nenner kürzen sich auf der rechten Gleichungsseite heraus.

Zwischenresultat:

$$m \cdot (z+2) = d_a$$

Schritt 2: Dividieren beider Seiten der Gleichung durch m:

$$m \cdot (z+2) = d_a \quad | : m$$

$$\frac{\not{m}^1 \cdot (z+2)}{\not{m}^1} = \frac{d_a}{m}$$

Zwischenresultat:

$$(z+2) = \frac{d_a}{m} \text{ oder } z + 2 = \frac{d_a}{m}$$

Schritt 3: Subtrahieren von 2 auf beiden Seiten der Gleichung:

$$z + 2 = \frac{d_a}{m} \quad | -2$$

$$z + 2 - 2 = \frac{d_a}{m} - 2$$

Resultat:

$$z = \frac{d_a}{m} - 2$$

Sachwortverzeichnis
Englisch – Deutsch

Sachwortverzeichnis

Englisch – Deutsch

Sachwortverzeichnis

Englisch – Deutsch

Sachwortverzeichnis

Englisch – Deutsch

Sachwortverzeichnis

Deutsch – Englisch

Sachwortverzeichnis

Deutsch – Englisch

Sachwortverzeichnis

Deutsch – Englisch

Bildquellenverzeichnis

|Di Gaspare, Michele (Bild und Technik Agentur für technische Grafik und Visualisierung), Bergheim: 7.1, 7.2, 7.3, 7.4, 8.1, 8.2, 8.3, 8.4, 9.1, 9.2, 10.1, 10.2, 10.3, 10.4, 11.1, 11.2, 11.3, 12.1, 12.2, 14.1, 14.2, 14.3, 15.1, 15.2, 15.3, 16.1, 16.2, 16.3, 17.1, 17.2, 17.3, 17.4, 18.1, 18.2, 18.3, 19.1, 19.2, 20.1, 21.1, 21.2, 22.1, 22.2, 23.1, 23.2, 23.3, 23.4, 24.1, 24.2, 25.1, 25.2, 26.1, 27.1, 28.1, 28.2, 29.1, 30.1, 31.1, 31.2, 31.3, 32.1, 32.2, 33.1, 34.1, 35.1, 36.1, 36.2, 37.1, 37.2, 38.1, 38.2, 39.1, 39.2, 40.1, 41.1, 41.2, 41.3, 42.1, 42.2, 43.1, 44.1, 45.1, 45.2, 46.1, 46.2, 46.3, 47.1, 48.1, 49.1, 50.1, 50.2, 51.1, 52.1, 52.2, 54.1, 54.2, 55.1, 56.1, 56.2, 56.3, 57.1, 58.1, 58.2, 58.3, 59.1, 60.1, 60.2, 60.3, 60.4, 61.1, 62.1, 63.1, 63.2, 64.1, 64.2, 65.1, 65.2, 66.1, 67.1, 68.1, 68.2, 73.1, 75.1, 75.2, 75.3, 76.1, 76.2, 76.3, 77.1, 77.2, 77.3, 78.1, 78.2, 78.3, 79.1, 79.2, 79.3, 80.1, 80.2, 80.3, 81.1, 81.2, 82.1, 82.2, 83.1, 83.2, 89.1, 89.2, 89.3, 90.1, 91.1, 91.2, 92.1, 92.2, 92.3, 93.1, 93.2, 93.3, 94.1, 95.1, 95.2, 95.3, 97.1, 97.2, 97.3, 98.1, 98.2, 98.3, 98.4, 98.5, 98.6, 99.1, 99.2, 99.3, 99.4, 99.5, 99.6, 99.7, 99.8, 99.9, 100.1, 100.2, 100.3, 100.4, 100.5, 101.1, 101.2, 102.1, 102.2, 102.3, 102.4, 103.1, 103.2, 103.3, 103.4, 103.5, 103.6, 104.1, 104.2, 104.3, 104.4, 104.5, 104.6, 105.1, 105.2, 105.3, 107.1, 108.1, 108.2, 110.1.